绿色建筑评价技术细则 2015

中国建筑科学研究院　主编

中国建筑工业出版社

图书在版编目(CIP)数据

绿色建筑评价技术细则 2015/中国建筑科学研究院主编. —北京:中国建筑工业出版社,2015.12
ISBN 978-7-112-18379-1

Ⅰ.①绿… Ⅱ.①中… Ⅲ.①生态建筑-评价标准-中国—2015 Ⅳ.①TU18-34

中国版本图书馆 CIP 数据核字(2015)第 198195 号

本书依据国家标准《绿色建筑评价标准》GB/T 50378－2014(以下简称《标准》)进行编制,并与其配合使用,为绿色建筑评价工作提供更为具体的技术指导。本书重点细化了《标准》正文技术内容和评价工作要求,整理了相关标准规范的规定,并对评审时的文件要求、审查要点和注意事项等作了总结。为方便读者使用,本书附录梳理总结了《标准》评价指标体系及分值,给出了与《标准》正文要求对应的围护结构热工性能指标、空调系统冷源机组能效指标,还提供了绿色建筑设计标识申报自评估报告(模板)、《标准》评价工具表等电子文件。

本书可供开展绿色建筑评价工作的管理部门、评价机构、申报单位、咨询单位使用,也可供绿色建筑设计、施工、运行管理等单位相关人员参考。

责任编辑:孙玉珍 向建国 魏 枫
责任设计:陈 旭
责任校对:姜小连 刘 钰

绿色建筑评价技术细则 2015
中国建筑科学研究院 主编

*

中国建筑工业出版社出版、发行(北京西郊百万庄)
各地新华书店、建筑书店经销
北京红光制版公司制版
北京同文印刷有限责任公司印刷

*

开本:787×1092毫米 1/16 印张:12¾ 插页:3 字数:314千字
2015年9月第一版 2019年2月第七次印刷
定价:**46.00**元(含光盘)
ISBN 978-7-112-18379-1
(27631)

版权所有 翻印必究
如有印装质量问题,可寄本社退换
(邮政编码 100037)

编 委 会 名 单

主编：林海燕

委员：程志军　鹿　勤　王清勤　曾　捷　韩继红

　　　　林波荣　王有为　程大章　叶　凌　于震平

　　　　孙大明　马素贞　廖　琳　张　娟　张江华

　　　　许　荷　汤　民　樊　瑛　吕石磊　李小阳

　　　　高　迪　罗　涛　闫国军　李晓萍　张　淼

　　　　鄢　涛　刘迎鑫　郭振伟

前　言

为了适应当前绿色建筑快速发展的需要，更好地指导绿色建筑评价工作，在国家标准《绿色建筑评价标准》GB/T 50378－2014（以下简称《标准》）编制工作同时，中国建筑科学研究院受住房城乡建设部委托，组织《标准》编制组专家和国家科技支撑计划相关课题主要研究人员，开展《绿色建筑评价技术细则》（以下简称《技术细则》）的修订研究工作（住房城乡建设部科学技术项目"绿色建筑评价技术细则与标识管理办法研究"，项目编号 2013-R1-24）。《技术细则》于 2014 年 8 月成稿，于 2014 年 10 月征求意见，并于 2015 年 2 月验收通过。

《技术细则》的编制得到"十二五"国家科技支撑计划课题"绿色建筑标准体系与不同气候区不同类型建筑重点标准规范研究"（课题编号：2012BAJ10B01）的支持，是该课题的研究成果之一。

《技术细则》依据《标准》进行编制，并与其配合使用，为绿色建筑评价工作提供更为具体的技术指导。《技术细则》章节编排也与《标准》基本对应。《技术细则》第 1～3 章，对我国绿色建筑评价工作的基本原则、有关术语、评价对象、评价阶段、评价指标、评价方法以及评价文件要求等作了阐释；第 4～11 章，对《标准》评价技术条文逐条给出【条文说明扩展】和【具体评价方式】两项内容，【条文说明扩展】主要是对标准正文技术内容的细化以及相关标准规范的规定，原则上不重复《标准》条文说明内容，【具体评价方式】主要是对评价工作要求的细化，包括适用的评价阶段，条文说明中所列各点评价方式的具体操作形式及相应的材料文件名称、内容和格式要求等，对定性条文判定或评分原则的补充说明，对定量条文计算方法或工具的补充说明，评审时的审查要点和注意事项等；附录给出了《标准》评价指标体系及分值总览、围护结构热工性能指标、空调系统冷源机组能效指标、绿色建筑设计标识申报自评估报告（模板）、《标准》评价工具表。

《技术细则》第 1～3 章由中国建筑科学研究院林海燕、程志军负责编制，第 4 章由中国城市规划设计研究院鹿勤负责编制，第 5 章由中国建筑科学研究院王清勤、清华大学林波荣负责编制，第 6 章由中国建筑科学研究院建筑设计院曾捷负责编制，第 7 章由上海市建筑科学研究院（集团）有限公司韩继红负责编制，第 8 章由清华大学林波荣、中国建筑科学研究院林海燕负责编制，第 9 章由中国城市科学研究会绿色建筑与节能专业委员会王有为负责编制，第 10 章由同济大学程大章负责编制，第 11 章由中国建筑科学研究院王清勤、叶凌负责编制，附录 A 由中国建筑科学研究院叶凌负责编制，附录 B 由清华大学林波荣、中国建筑科学研究院林海燕、叶凌负责编制，附录 C 由中国建筑科学研究院叶凌负责编制，附录 D、E 由中国建筑科学研究院孙大明、马素贞负责编制。全篇由林海燕、程志军、叶凌负责统稿。

《技术细则》编制过程中，《标准》修订组全体专家，以及中国建筑科学研究院张江华、许荷、汤民、樊瑛、吕石磊、李小阳、高迪、罗涛、闫国军、马素贞、李晓萍、张淼、上海市建筑科学研究院(集团)有限公司廖琳、中国城市规划设计研究院张娟、中国建筑工程总公司于震平、深圳市建筑科学研究院股份有限公司鄢涛、天津市建工集团(控股)有限公司刘迎鑫、中国城市科学研究会绿色建筑研究中心郭振伟等同志也参加了编制相关工作。

《技术细则》今后将适时修订。在《技术细则》的使用过程中，请各单位和有关专家注意总结经验，将意见建议反馈给中国建筑科学研究院标准规范处(地址：北京市北三环东路30号；邮编：100013；E-mail：gb50378@126.com)，以便修订完善。

本书编委会

二〇一五年五月

目　录

1 总　　则

1.0.1 为贯彻国家技术经济政策，节约资源，保护环境，规范绿色建筑的评价，推进可持续发展，制定本标准。

【说明】

建筑在其建造和使用过程中占用和消耗大量的资源，并对环境产生不利影响。我国资源总量和人均资源量都严重不足，同时我国的消费增长速度惊人，在资源再生利用率上也远低于发达国家。而且我国正处于工业化、城镇化加速发展时期，能源资源消耗总量逐年迅速增长。在我国发展绿色建筑，是一项意义重大而十分迫切的任务。借鉴国际先进经验，建立一套适合我国国情的绿色建筑评价体系，制订并实施统一、规范的评价标准，反映建筑领域可持续发展理念，对积极引导绿色建筑发展，具有十分重要的意义。

本标准的前一版本《绿色建筑评价标准》GB/T 50378－2006（以下称本标准 2006 年版）是总结我国绿色建筑方面的实践经验和研究成果，借鉴国际先进经验制定的第一部多目标、多层次的绿色建筑综合评价标准。该标准明确了绿色建筑的定义、评价指标和评价方法，确立了我国以"四节一环保"为核心内容的绿色建筑发展理念和评价体系。自 2006 年发布实施以来，已经成为我国各级、各类绿色建筑标准研究和编制的重要基础，有效指导了我国绿色建筑实践工作。截至 2014 年底，累计评价绿色建筑项目 2538 个，总建筑面积达 2.9 亿 m²。

"十二五"以来，我国绿色建筑快速发展。随着绿色建筑各项工作的逐步推进，绿色建筑的内涵和外延不断丰富，各行业、各类别建筑践行绿色理念的需求不断提出，本标准 2006 年版已不能完全适应现阶段绿色建筑实践及评价工作的需要。因此，根据住房和城乡建设部的要求，由中国建筑科学研究院、上海市建筑科学研究院（集团）有限公司会同有关单位对其进行了修订。

1.0.2 本标准适用于绿色民用建筑的评价。

【说明】

建筑因使用功能不同，其资源消耗和对环境的影响存在较大差异。本标准 2006 年版侧重于评价总量大的住宅建筑和公共建筑中资源消耗较多的办公建筑、商场建筑、旅馆建筑。本次修订，《标准》的适用范围，由本标准 2006 年版中的住宅建筑和公共建筑中的办公建筑、商场建筑和旅馆建筑，进一步扩展至民用建筑各主要类型。主要考虑如下：

1　由近些年的绿色建筑评价工作实践来看，绿色建筑的内涵和外延不断丰富，各行业、各类别建筑践行绿色理念的需求不断提出。截至 2012 年底，742 个绿色建筑标识项目中已有医疗卫生类 5 项、会议展览类 9 项、学校教育类 12 项，但具体评价中却反映出本标准 2006 年版对于这些类型的建筑考虑得不够，需要适当调整。

2　近些年先后立项了《绿色办公建筑评价标准》GB/T 50908－2013、《绿色商店建筑评价标准》GB/T 51100－2015、《绿色饭店建筑评价标准》（已报批）、《绿色医院建筑评价标准》（已报批）、《绿色博览建筑评价标准》（已报批）等针对特定建筑类型的绿色建筑评价标准，《标准》对包括上述建筑类型在内的各类民用建筑予以统筹考虑，必将有助于各国家标准之间的协调，形成一个既各有特色又相对统一的绿色建筑评价标准体系。

3 项目试评工作也纳入了 4 个医疗卫生类、5 个会议展览类、7 个学校教育类以及航站楼、物流中心等建筑，初步验证了《标准》对此的适用性。

1.0.3 绿色建筑评价应遵循因地制宜的原则，结合建筑所在地域的气候、环境、资源、经济及文化等特点，对建筑全寿命期内节能、节地、节水、节材、保护环境等性能进行综合评价。

【说明】

因地制宜是绿色建筑建设的一条最重要的基本原则，特别是针对我国地域辽阔，各地区在气候、环境、资源、经济社会发展水平与民俗文化等方面都存在较大差异的国情，更应该强调因地制宜。对绿色建筑的评价，应综合考量建筑所在地域的气候、环境、资源、经济及文化等条件和特点。建筑物从规划设计到施工，再到运行使用及最终的拆除，构成一个全寿命期。本次修订，基本实现了对建筑全寿命期内各环节和阶段的覆盖。节能、节地、节水、节材和保护环境（四节一环保）是我国绿色建筑发展和评价的核心内容。绿色建筑要求在建筑全寿命期内，最大限度地节能、节地、节水、节材和保护环境，同时满足建筑功能要求。结合建筑功能要求，对建筑的四节一环保性能进行评价时，要综合考虑，统筹兼顾，总体平衡。

1.0.4 绿色建筑的评价除应符合本标准的规定外，尚应符合国家现行有关标准的规定。

【说明】

符合国家法律法规和相关标准是参与绿色建筑评价的前提条件。本标准重点在于对建筑的四节一环保性能进行评价，并未涵盖通常建筑物所应有的全部功能和性能要求，如结构安全、防火安全等，故参与评价的建筑尚应符合国家现行有关标准的规定。当然，绿色建筑的评价工作也应符合国家现行有关标准的规定。

2 术 语

2.0.1 绿色建筑 green building

在全寿命期内，最大限度地节约资源（节能、节地、节水、节材）、保护环境、减少污染，为人们提供健康、适用和高效的使用空间，与自然和谐共生的建筑。

2.0.2 热岛强度 heat island intensity

城市内一个区域的气温与郊区气温的差别，用二者代表性测点气温的差值表示，是城市热岛效应的表征参数。

2.0.3 年径流总量控制率 annual runoff volume capture ratio

通过自然和人工强化的入渗、滞蓄、调蓄和收集回用，场地内累计一年得到控制的雨水量占全年总降雨量的比例。

2.0.4 可再生能源 renewable energy

风能、太阳能、水能、生物质能、地热能和海洋能等非化石能源的统称。

2.0.5 再生水 reclaimed water

污水经处理后，达到规定水质标准、满足一定使用要求的非饮用水。

2.0.6 非传统水源 non-traditional water source

不同于传统地表水供水和地下水供水的水源，包括再生水、雨水、海水等。

2.0.7 可再利用材料 reusable material

不改变物质形态可直接再利用的，或经过组合、修复后可直接再利用的回收材料。

2.0.8 可再循环材料 recyclable material

通过改变物质形态可实现循环利用的回收材料。

3 基 本 规 定

3.1 一 般 规 定

3.1.1 绿色建筑的评价应以单栋建筑或建筑群为评价对象。评价单栋建筑时，凡涉及系统性、整体性的指标，应基于该栋建筑所属工程项目的总体进行评价。

【说明】

建筑单体和建筑群均可以参评绿色建筑。当需要对某工程项目中的单栋建筑进行评价时，由于有些评价指标是针对该工程项目设定的（如住区的绿地率），或该工程项目中其他建筑也采用了相同的技术方案（如再生水利用），难以仅基于该单栋建筑进行评价，此时，应以该栋建筑所属工程项目的总体为基准进行评价。

建筑群是指由位置毗邻、功能相同、权属相同、技术体系相同或相近的两个及以上单体建筑组成的群体。常见的建筑群有住宅建筑群、办公建筑群。当对建筑群进行评价时，可先用本标准评分项和加分项对各单体建筑进行评价，得到各单体建筑的总得分，再按各单体建筑的建筑面积进行加权计算得到建筑群的总得分，最后按建筑群的总得分确定建筑群的绿色建筑等级。

参评建筑本身不得为临时建筑（例如，多见于北方的冰雪建筑，近年来在南方出现的集装箱建筑），且应为完整的建筑，不得从中剔除部分区域。无论评价对象为单栋建筑或建筑群，计算系统性、整体性指标时，要基于该指标所覆盖的范围或区域进行总体评价，计算区域的边界应选取合理、口径一致、能够完整围合。

常见的系统性、整体性指标主要有：人均居住用地、容积率、绿地率、人均公共绿地、年径流总量控制率等。

3.1.2 绿色建筑的评价分为设计评价和运行评价。设计评价应在建筑工程施工图设计文件审查通过后进行，运行评价应在建筑通过竣工验收并投入使用一年后进行。

【说明】

本标准 2006 年版要求评价应在建筑投入使用一年后进行。但在随后发布的《绿色建筑评价标识实施细则（试行修订）》（建科综〔2008〕61 号）中，已明确将绿色建筑评价标识分为"绿色建筑设计评价标识"和"绿色建筑评价标识"。而且，经过多年的工作实践，证明了这种分阶段评价的可行性，以及对于我国推广绿色建筑的积极作用。因此，《标准》在评价阶段上也作了划分，便于更好地与相关管理文件配合使用。

具体方法上，根据此前公开征求意见的结果，大部分反馈意见同意将"施工管理"、"运营管理"2章的内容仅在运行阶段评价。基于此，《标准》将设计评价内容定为"节地与室外环境"、"节能与能源利用"、"节水与水资源利用"、"节材与材料资源利用"、"室内环境质量"5章，运行评价则在此基础上增加"施工管理"、"运营管理"2章。

本标准第3.1.1条规定绿色建筑评价以一栋完整的建筑为基本对象。设计评价应坚持这一原则，不对一栋建筑中的部分区域开展绿色评价。但运行评价在某些情况下可以灵活一些，这主要是指存在两个或两个以上业主的多功能综合性建筑，首先仍应考虑"以一栋完整的建筑为基本对象"的原则，鼓励其业主联合申请运行评价；如所有业主无法联合申请，但有业主有意愿单独申请时，则可对其中建筑中的部分区域开展运行评价，但申请运行评价的区域，建筑面积应不少于2万 m²，且有相对独立的暖通空调、给水排水等设备系统，此区域的电、气、热、水耗也能进行独立计量。申请运行评价（尤其是部分区域）的业主，应明确其物业产权和运行管理涵盖的区域，涉及的系统性、整体性指标，还是要基于该指标所覆盖的范围或区域进行总体评价（详见第3.1.1条）。

3.1.3 申请评价方应进行建筑全寿命期技术和经济分析，合理确定建筑规模，选用适当的建筑技术、设备和材料，对规划、设计、施工、运行阶段进行全过程控制，并提交相应分析、测试报告和相关文件。

【说明】

申请评价方依据有关管理制度文件确定。本条对申请评价方的相关工作提出要求。绿色建筑注重全寿命期内能源资源节约与环境保护的性能，申请评价方应对建筑全寿命期内各个阶段进行控制，综合考虑性能、安全、耐久、经济、美观等因素，优化建筑技术、设备和材料选用，综合评估建筑规模、建筑技术与投资之间的总体平衡，并按本标准的要求提交相应分析、测试报告和相关文件。

3.1.4 评价机构应按本标准的有关要求，对申请评价方提交的报告、文件进行审查，出具评价报告，确定等级。对申请运行评价的建筑，尚应进行现场考察。

【说明】

绿色建筑评价机构依据有关管理制度文件确定。本条对绿色建筑评价机构的相关工作提出要求。绿色建筑评价机构应按照本标准的有关要求审查申请评价方提交的报告、文档，并在评价报告中确定等级。对申请运行评价的建筑，评价机构还应组织现场考察，进一步审核规划设计要求的落实情况以及建筑的实际性能和运行效果。

3.2 评价与等级划分

3.2.1 绿色建筑评价指标体系由节地与室外环境、节能与能源利用、节水与水资源利用、节材与材料资源利用、室内环境质量、施工管理、运营管理7类指标组成。每类指标均包括控制项和评分项。评价指标体系还统一设置加

3

分项。

【说明】

指标大类方面，在本标准 2006 年版中节地与室外环境、节能与能源利用、节水与水资源利用、节材与材料资源利用、室内环境质量和运营管理 6 大类指标的基础上，《标准》增加了"施工管理"，更好地实现对建筑全寿命期的覆盖。

本次修订将本标准 2006 年版中"一般项"和"优选项"改为"评分项"。为鼓励绿色建筑在节约资源、保护环境的技术、管理上的创新和提高，本次修订增设了"加分项"。"加分项"部分条文本可以分别归类到七类指标中，但为了将鼓励性的要求和措施与对绿色建筑的七个方面的基本要求区分开来，本次修订将全部"加分项"条文集中在一起，列成单独一章。

具体指标（评价条文）方面，根据前期各方面的调研成果，以及征求意见和项目试评两方面工作所反馈的情况，以标准修订前后达到各评价等级的难易程度略有提高和尽量使各星级绿色建筑标识项目数量呈金字塔形分布为出发点，通过补充细化、删减简化、修改内容或指标值、新增、取消、拆分、合并、调整章节位置或指标属性等方式进一步完善了评价指标体系，详见附录 A。

3.2.2 设计评价时，不对施工管理和运营管理 2 类指标进行评价，但可预评相关条文。运行评价应包括 7 类指标。

【说明】

运行评价是最终结果的评价，检验绿色建筑投入实际使用后是否真正达到了四节一环保的效果，应对全部指标进行评价。设计评价的对象是图纸和方案，还未涉及施工和运营，所以不对施工管理和运营管理两类指标进行评价。但是，施工管理和运营管理的部分措施如能得到提前考虑，并在设计评价时预评，将有助于达到这两个阶段节约资源和环境保护的目的。

《标准》中，允许在设计评价进行预评的条文共 10 条，第 9 章施工管理包括第 9.1.4、9.2.6、9.2.7、9.2.12、9.2.13 条，第 10 章运营管理包括第 10.1.2、10.1.5、10.2.7、10.2.8、10.2.12 条。

3.2.3 控制项的评定结果为满足或不满足；评分项和加分项的评定结果为分值。

【说明】

控制项的评价同本标准 2006 年版。评分项的评价，依据评价条文的规定确定得分或不得分，得分时根据需要对具体评分子项确定得分值，或根据具体达标程度确定得分值。加分项的评价，依据评价条文的规定确定得分或不得分。

本标准中评分项的赋分有以下几种方式：

1 一条条文评判一类性能或技术指标，且不需要根据达标情况不同赋以不同分值时，赋以一个固定分值，该评分项的得分为 0 分或固定分值，在条文主干部分表述为"评价分值为某分"，如第 4.2.5 条；

2 一条条文评判一类性能或技术指标，需要根据达标情况不同赋以不同分值时，在条文主干部分表述为"评价总分值为某分",同时在条文主干部分将不同得分值表述为"得某分"的形式,且从低分到高分排列,如第 4.2.14 条,对场地年径流总量控制率采用这种递进赋分方式;递进的档次特别多或者评分特别复杂的,则采用列表的形式表达,在条文主干部分表述为"按某表的规则评分",如第 4.2.1 条;

3 一条条文评判一类性能或技术指标,但需要针对不同建筑类型或特点分别评判时,针对各种类型或特点按款或项分别赋以分值,各款或项得分均等于该条得分,在条文主干部分表述为"评价总分值为某分,并按下列规则评分",如第 4.2.11 条;

4 一条条文评判多个技术指标,将多个技术指标的评判以款或项的形式表达,并按款或项赋以分值,该条得分为各款或项得分之和,在条文主干部分表述为"评价总分值为某分,并按下列规则分别评分并累计",如第 4.2.4 条;

5 一条条文评判多个技术指标,其中某技术指标需要根据达标情况不同赋以不同分值时,首先按多个技术指标的评判以款或项的形式表达并按款或项赋以分值,然后考虑达标程度不同对其中部分技术指标采用递进赋分方式。如第 4.2.2 条,对住区绿地率赋以 2 分,对住区人均公共绿地面积赋以最高 7 分,其中住区人均公共绿地面积又按达标程度不同分别赋以 3 分、5 分、7 分;对公共建筑绿地率赋以最高 7 分,对"公共建筑的绿地向社会公众开放"赋以 2 分,其中公共建筑绿地率又按达标程度不同分别赋以 2 分、5 分、7 分。这种赋分方式是上述第 2、3、4 种方式的组合。

可能还会有少数条文出现其他评分方式组合。

本标准中各评价条文的分值,经广泛征求意见和试评价后综合调整确定。本标准中评分项和加分项条文主干部分给出了该条文的"评价分值"或"评价总分值",是该条可能得到的最高分值。需特别说明的是个别条文内某款(项)不适用的情况,已在条文说明或本细则中明确,有的按直接得分处理(例如第 4.2.4 条第 1、2 款),有的按不参评处理(例如第 7.2.6 条第 1 款)。

3.2.4 绿色建筑评价应按总得分确定等级。

【说明】

与本标准 2006 年版依据各类指标一般项达标的条文数以及优选项达标的条文数确定绿色建筑等级的方式不同,本版标准依据总得分来确定绿色建筑的等级。考虑到各类指标重要性方面的相对差异,计算总得分时引入了权重。同时,为了鼓励绿色建筑技术和管理方面的提升和创新,计算总得分时还计入了加分项的附加得分。

设计评价的总得分为节地与室外环境、节能与能源利用、节水与水资源利用、节材与材料资源利用、室内环境质量五类指标的评分项得分经加权计算后与加分项的附加得分之和;运行评价的总得分为节地与室外环境、节能与能源利用、节水与水资源利用、节材与材料资源利用、室内环境质量、施工管理、运营管理七类指标的评分项得分经加权计算后与加分项的附加得分之和。

3.2.5 评价指标体系 7 类指标的总分均为 100 分。7 类指标各自的评分项得分 Q_1、Q_2、Q_3、Q_4、Q_5、Q_6、Q_7 按参评建筑该类指标的评分项实际得分值除以适用于该建筑的评分项总分值再乘以 100 分计算。

【说明】

本次修订按评价总得分确定绿色建筑的等级。7 类指标每一类的总分均为 100 分，可以称为"理论满分"。

对于具体的参评建筑而言，由于它们在功能、所处地域的气候、环境、资源等方面客观上存在差异，总有一些条文不适用（最简单的例子就是采暖方面的条文对非采暖地区的居住建筑不适用），对不适用的评分项条文不予评定。这样，适用于各参评建筑的评分项的条文数量和实际可能达到的满分值就小于 100 分了，称之为"实际满分"。即：

实际满分＝理论满分（100 分）－Σ不参评条文的分值＝Σ参评条文的分值

评分时，每类指标的得分：Q_{1-7}＝（实际得分值/实际满分）×100 分。例如：Q_2＝(72/80)×100＝90 分，其中，72 为参评建筑的实际得分值，80 为该参评建筑实际可能达到的满分值。

对此，计算参评建筑某类指标评分项的实际得分值与适用于参评建筑的评分项总分值的比率，反映参评建筑实际采用的"绿色措施"和（或）效果占该建筑理论上可以采用的全部"绿色措施"和（或）效果的相对得分率。得分率再乘以 100 分则是一种"规一化"的处理，将得分率统一还原成分数。

对某一栋具体的参评建筑，某一条条文或其款（项）是否参评，可根据标准条文、条文说明、本细则的补充说明进行判定。对某些标准条文、条文说明、本细则的补充说明均未明示的特定情况，某一条条文或其款（项）是否参评，可根据实际情况进行判定。

3.2.6 加分项的附加得分 Q_8 按本标准第 11 章的有关规定确定。

【说明】

本标准第 11 章第 2 节对建筑性能提高和创新进行评价，第 1 节对加分项的评分规则作了规定。

加分项的附加得分 Q_8 的确定方式与评价指标体系 7 类指标得分 Q_{1-7} 不同。加分项评定时，对参评建筑不适用的条文直接按不得分处理。

3.2.7 绿色建筑评价的总得分按下式进行计算，其中评价指标体系 7 类指标评分项的权重 $w_1 \sim w_7$ 按表 3.2.7 取值。

$$\Sigma Q = w_1 Q_1 + w_2 Q_2 + w_3 Q_3 + w_4 Q_4 + w_5 Q_5 + w_6 Q_6 + w_7 Q_7 + Q_8$$

(3.2.7)

表 3.2.7　绿色建筑各类评价指标的权重

		节地与室外环境 w_1	节能与能源利用 w_2	节水与水资源利用 w_3	节材与材料资源利用 w_4	室内环境质量 w_5	施工管理 w_6	运营管理 w_7
设计评价	居住建筑	0.21	0.24	0.20	0.17	0.18	—	—
	公共建筑	0.16	0.28	0.18	0.19	0.19	—	—

续表 3.2.7

		节地与室外环境 w_1	节能与能源利用 w_2	节水与水资源利用 w_3	节材与材料资源利用 w_4	室内环境质量 w_5	施工管理 w_6	运营管理 w_7
运行评价	居住建筑	0.17	0.19	0.16	0.14	0.14	0.10	0.10
	公共建筑	0.13	0.23	0.14	0.15	0.15	0.10	0.10

注: 1 表中"—"表示施工管理和运营管理两类指标不参与设计评价。

　　 2 对于同时具有居住和公共功能的单体建筑，各类评价指标权重取为居住建筑和公共建筑所对应权重的平均值。

【说明】

　　本条对各类指标在绿色建筑评价中的权重作出规定。表 3.2.7 中给出了设计评价、运行评价时居住建筑、公共建筑的分项指标权重。施工管理和运营管理两类指标不参与设计评价。各类指标的权重经广泛征求意见和试评价后综合调整确定。

　　需要补充说明的是，当建筑群项目中居住建筑和公共建筑的面积差距悬殊时（例如包含少量配套公建的大片住宅区），则应按总面积中占绝对多数比例的建筑类型来选取权重。

3.2.8　绿色建筑分为一星级、二星级、三星级 3 个等级。3 个等级的绿色建筑均应满足本标准所有控制项的要求，且每类指标的评分项得分不应小于 40 分。当绿色建筑总得分分别达到 50 分、60 分、80 分时，绿色建筑等级分别为一星级、二星级、三星级。

【说明】

　　《标准》不仅要求各个等级的绿色建筑均应满足所有控制项的要求，而且要求每类指标的评分项得分不小于 40 分。对于一、二、三星级绿色建筑，总得分要求分别为 50 分、60 分、80 分。这是从国家开展绿色建筑行动的大政方针出发，综合考虑评价条文技术实施难度、绿色建筑将得到全面推进、高星级绿色建筑项目财政激励等因素，经充分讨论、反复论证后的结果。

　　本标准 2006 年版以达标的条文数量为确定星级的依据，本《标准》则以总得分为确定星级的依据。就修订前后两版标准星级达标的难易程度，对两轮试评的 70 余个项目的得分情况进行分析得出的结论是：一、二星级难度基本相当或稍有提高，三星级难度提高较为明显。之所以规定三星级达标分为 80 分，适当提高难度，主要是希望国家的财政补贴主要用在提高建筑的"绿色度"上，而非减少开发商的实际支出；另外，适当提高三星级的达标难度也有助于推动我国绿色建筑向着更高的水平发展。

　　在确定所有控制项（设计评价不含施工管理和运营管理部分）的评定结果均为满足的前提之下，分值计算及分级步骤如下：

　　1　分别计算各类指标中适用于项目的评分项总分值和实际得分值。某类指标中适用于特定项目的评分项总分值，有可能就是 100 分；更有可能在扣除一些不参评条文的分数后，小于 100 分。而该项目的评分项实际得分值，必然是小于或等于该类指标适用于本项目的评分项总分值。各类指标的评分项总分值和实际得分值均为不大于 100 分的自然数。

2　分别计算各类指标评分项得分 Q_i（不含加分项附加得分 Q_8）。分别将各类指标的评分项实际得分值除以该类的评分项总分值再乘以 100 分，计算得到该类指标评分项得分 Q_i。对于各类指标评分项得分 Q_i，进行四舍五入后保留精度为小数点后一位。

3　判断各类指标评分项得分 Q_i（不含加分项附加得分 Q_8）是否达到 40 分。如不满足要求，则不必继续后续步骤。对于设计评价，不计算、判断施工管理和运营管理两部分的评分项得分 Q_6 和 Q_7。

4　计算加分项附加得分 Q_8。需要注意的是，不再考虑不参评情况。而且，根据《标准》第 11.1.2 条，当 Q_8 超过 10 分时也取为 10 分。因此，Q_8 是一个不大于 10 分的自然数。

5　选取评分项权重值 w_i，计算绿色建筑评价总得分 ΣQ。按照项目评价阶段和建筑类型，查《标准》表 3.2.7 确定评分项权重值 w_i。对于同时具有居住和公共功能的单体建筑，权重值取值按《标准》表 3.2.7 注 2 计算。再将分别计算得到的各类指标评分项得分 Q_i，及对应的权重值 w_i，按《标准》式 3.2.7 计算得到绿色建筑评价总得分 ΣQ。对 ΣQ 的小数部分进行四舍五入，简化为一个自然数。如 ΣQ 没有达到 50 分，则不必继续后续步骤。

6　确定绿色建筑等级。根据 ΣQ，对照《标准》第 3.2.8 条所列 50 分、60 分、80 分的要求，确定项目一星级、二星级、三星级的绿色建筑等级。

3.2.9　对多功能的综合性单体建筑，应按本标准全部评价条文逐条对适用的区域进行评价，确定各评价条文的得分。

【说明】

不论建筑功能是否综合，均以各个条/款为基本评判单元。对于某一条文，只要建筑中有相关区域涉及，则该建筑就参评并确定得分。在《标准》的具体条文及其说明中，有的已说明混合功能建筑的得分取多种功能分别评价结果的平均值；有的则已说明按各种功能用水量的权重，采用加权法调整计算非传统水源利用率的要求；等等。还有一些条文，下设两款分别针对居住建筑和公共建筑的（即本标准第 3.2.3 条条文说明中所指的第 3 种情况），所评价建筑如同时具有居住和公共功能，则需按这两种功能分别评价后再取平均值。需要强调的是，建筑整体的等级仍按本《标准》的规定确定。

以商住楼、城市综合体为代表的多功能综合建筑的评价，是近些年绿色建筑评价工作中频频遇到的问题，也是标准修订工作力图解决的重要内容。首先，明确了评价对象应为建筑单体或建筑群的前提，规定了多功能综合建筑也要整体参评（运行评价有所例外，参见本细则对第 3.1.2 条的说明），避免了此前个别绿色建筑标识项目为"半拉楼"、"拦腰斩"的情况。

在其具体评价和分级问题上，基于前期调研成果，曾考虑过 2 种备选方案：一是"先对其中功能独立的各部分区域分别评价，并取其中较低或最低的评价等级作为建筑整体的评价等级"（参见建办科［2012］47 号文《住房城乡建设部办公厅关于加强绿色建筑评价标识管理和备案工作的通知》）；二是"先对其中功能独立的各部分区域分别评价，然后按各部分的总得分经面积加权计算建筑整体的总得分，最后依建筑整体的总得分确定建筑整体的评价等级"。两个方案相比较，前一方案过于严格，后一方案过于繁琐。权衡利弊，考虑到标准绝大多数条文均适用于民用建筑各主要类型，《标准》最终给出了另一种方案：不论建筑功能是否综合，均以各个条/款为基本评判单元。如此，既科学合理，又避免了重复工作，而且保持了评价方法的一致性。

总体处理原则按照优先权级，分别是：

原则之一，只要有涉及即全部参评。以商住楼为例，虽只有底商的一、二层适用于第5.2.14条（蓄冷蓄热），面积比例很小，但仍要参评，并作为整栋建筑的得分（而不按面积折算）。

原则之二，系统性、整体性指标应总体评价。参见第3.1.1条规定。

原则之三，所有部分均满足要求才给分（允许部分不参评，但不允许部分不达标）。以第5.2.5条输配系统能效为例，如果建筑内设有3个输配系统，只有所有系统能效均满足要求才给分（2个满足而1个不满足也不给分）。更严格的是第10.2.8条智能化系统，商住楼只有住宅、商场均满足要求，才能得到第1款的6分。

原则之四，就低不就高。在原则之三的基础上，如遇递进式的分档分值，如条文及说明没有特别交代的情况下，适用本条原则。以第8.2.6条采光系数为例，如果商住楼中的居住建筑部分可得满分8分，但公共建筑部分（商场）得分4分，则该条最终得分为4分。

原则之五，特殊情况特殊处理。此类特殊情况，如已在《标准》条文、条文说明或本细则中明示的，应遵照执行。如，个别条文评价还需加权计算总指标，这些条文一般都属于对于多个功能区分设指标要求，而且指标要求还分档的情况，例如第6.2.10条非传统水源利用率。对某些标准条文、条文说明、本细则的补充说明均未明示的特定情况，可根据实际情况进行判定。

4 节地与室外环境

4.1 控 制 项

4.1.1 项目选址应符合所在地城乡规划，且应符合各类保护区、文物古迹保护的建设控制要求。

【条文说明扩展】

《基本农田保护条例》（国务院令第 257 号）规定：

第二条 ……本条例所称基本农田保护区，是指为对基本农田实行特殊保护而依据土地利用总体规划和依照法定程序确定的特定保护区域。

第十七条 禁止任何单位和个人在基本农田保护区内建窑、建房、建坟、挖砂、采石、采矿、取土、堆放固体废弃物或者进行其他破坏基本农田的活动。

《风景名胜区条例》（国务院令第 474 号）规定：

第二条 ……本条例所称风景名胜区，是指具有观赏、文化或者科学价值，自然景观、人文景观比较集中，环境优美，可供人们游览或者进行科学、文化活动的区域。

第二十七条 禁止违反风景名胜区规划，在风景名胜区内设立各类开发区和在核心景区内建设宾馆、招待所、培训中心、疗养院以及与风景名胜资源保护无关的其他建筑物；已经建设的，应当按照风景名胜区规划，逐步迁出。

第三十条 风景名胜区内的建设项目应当符合风景名胜区规划，并与景观相协调，不得破坏景观、污染环境、妨碍游览。

《自然保护区条例》（国务院令第 167 号）规定：

第二条 本条例所称自然保护区，是指对有代表性的自然生态系统、珍稀濒危野生动植物物种的天然集中分布区、有特殊意义的自然遗迹等保护对象所在的陆地、陆地水体或者海域，依法划出一定面积予以特殊保护和管理的区域。

第三十二条 在自然保护区的核心区和缓冲区内，不得建设任何生产设施。在自然保护区的实验区内，不得建设污染环境、破坏资源或者景观的生产设施；建设其他项目，其污染物排放不得超过国家和地方规定的污染物排放标准。在自然保护区的实验区内已经建成的设施，其污染物排放超过国家和地方规定的排放标准的，应当限期治理；造成损害的，必须采取补救措施。

在自然保护区的外围保护地带建设的项目，不得损害自然保护区内的环境质量；已造成损害的，应当限期治理。

《历史文化名城名镇名村保护条例》（国务院令第 524 号）规定：

第三条　历史文化名城、名镇、名村的保护应当遵循科学规划、严格保护的原则，保持和延续其传统格局和历史风貌，维护历史文化遗产的真实性和完整性，继承和弘扬中华民族优秀传统文化，正确处理经济社会发展和历史文化遗产保护的关系。

第二十三条　在历史文化名城、名镇、名村保护范围内从事建设活动，应当符合保护规划的要求，不得损害历史文化遗产的真实性和完整性，不得对其传统格局和历史风貌构成破坏性影响。

第二十六条　历史文化街区、名镇、名村建设控制地带内的新建建筑物、构筑物，应当符合保护规划确定的建设控制要求。

第四十七条　……历史建筑，是指经城市、县人民政府确定公布的具有一定保护价值，能够反映历史风貌和地方特色，未公布为文物保护单位，也未登记为不可移动文物的建筑物、构筑物。

历史文化街区，是指经省、自治区、直辖市人民政府核定公布的保存文物特别丰富、历史建筑集中成片、能够较完整和真实地体现传统格局和历史风貌，并具有一定规模的区域。

《城市紫线管理办法》（建设部令第 119 号）规定：

第二条　本办法所称城市紫线，是指国家历史文化名城内的历史文化街区和省、自治区、直辖市人民政府公布的历史文化街区的保护范围界线，以及历史文化街区外经县级以上人民政府公布保护的历史建筑的保护范围界线。

第十三条　在城市紫线范围内禁止进行下列活动：

（一）违反保护规划的大面积拆除、开发；

（二）对历史文化街区传统格局和风貌构成影响的大面积改建；

（三）损坏或者拆毁保护规划确定保护的建筑物、构筑物和其他设施；

（四）修建破坏历史文化街区传统风貌的建筑物、构筑物和其他设施；

（五）占用或者破坏保护规划确定保留的园林绿地、河湖水系、道路和古树名木等；

（六）其他对历史文化街区和历史建筑的保护构成破坏性影响的活动。

第十四条　在城市紫线范围内确定各类建设项目，必须先由市、县人民政府城乡规划行政主管部门依据保护规划进行审查，组织专家论证并进行公示后核发选址意见书。

【具体评价方式】

本条适用于各类民用建筑的设计、运行评价。

设计评价审核项目上层规划文件、区位图、场地地形图。不涉及保护区或文物古迹的一般项目，只要符合所在地城乡规划的要求即为达标，应提供城市（镇）总体规划或控制性详细规划的相关图纸及文件（如总体规划的"土地利用规划图"或控制性详细规划涉及建设项目的规划图则，或项目用地规划许可证及其附带的规划设计条件）。涉及保护区或文物古迹的，需提供当地城乡规划、国土、文化、园林、旅游或相关保护区等有关行政管理部门提供的法定规划文件或出具的证明文件，据此判断是否达标。如涉及风景名胜区的项目，应提供已批复的风景名胜区总体规划及详细规划的有关图纸及文件；涉及历史文化名城或历史文化街区的项目，应提供已批复的历史文化名城保护规划的有关图纸及文件；涉及文物保护单位的项目，应由所在地文物行政主管部门出具有关文件，明确该文物保护单位的保护要求。

运行评价在设计评价方法之外还应现场核查。

4.1.2 场地应无洪涝、滑坡、泥石流等自然灾害的威胁，无危险化学品、易燃易爆危险源的威胁，无电磁辐射、含氡土壤等危害。

【条文说明扩展】

《防洪标准》GB 50201-2014 规定：

3.0.2 各类防护对象的防洪标准应根据经济、政治、社会、环境等因素对防洪安全的要求，统筹协调局部与整体、近期与长远及上下游、左右岸、干支流的关系，通过综合分析论证确定。有条件时，宜进行不同防洪标准所可能减免的洪灾经济损失与所需的防洪费用的对比分析。

《城市防洪工程设计规范》GB/T 50805-2012 规定：

1.0.3 城市防洪工程建设，应以所在江河防洪规划、区域防洪规划、城市总体规划和城市防洪规划为依据，全面规划、统筹兼顾，工程措施与非工程措施相结合，综合治理。

《城市抗震防灾规划标准》GB 50413-2007 规定：

1.0.3 城市抗震防灾规划应贯彻"预防为主，防、抗、避、救相结合"的方针，根据城市的抗震防灾需要，以人为本，平灾结合、因地制宜、突出重点、统筹规划。

《电磁环境控制限值》GB 8702-2014 规定了电磁环境中控制公众曝露的电场、磁场、电磁场（1Hz～300GHz）的场量限值、评价方法和相关设施（设备）的豁免范围。

《民用建筑工程室内环境污染控制规范》GB 50325-2010 规定：

4.1.1 新建、扩建的民用建筑工程设计前，应进行建筑工程所在城市区域土壤中氡浓度或土壤表面氡析出率调查，并提交相应的调查报告。未进行区域土壤中氡浓度或土壤表面氡析出率测定的，应进行建筑场地土壤中氡浓度或土壤氡析出率测定，并提供相应的检测报告。

场地土壤曾经受到过污染或存在有毒有害物质（例如，曾经是《城市用地分类与规划建设用地标准》GB 50137 规定的二、三类工业用地），应采取有效措施全面进行无害化处理，确保符合有关安全标准。

【具体评价方式】

本条适用于各类民用建筑的设计、运行评价。

设计评价查阅项目区位图、场地地形图。涉及地质灾害多发区或严重的地段，应提供地质灾害危险性评估报告（应包含场地稳定性及场地工程建设适应性评定内容）；可能涉及污染源、电磁辐射、含氡土壤危害的，应提供相关检测报告或论证报告。核查相关污染源、危险源的防护距离或治理措施的合理性。核查项目防洪工程设计是否满足所在地防洪标准要求。核查项目是否符合城市抗震防灾的有关要求。

运行评价在设计评价方法之外还应现场核查应对措施的落实情况及其有效性。

4.1.3 场地内不应有排放超标的污染源。

【条文说明扩展】

　　绿色建筑选址应远离各项污染源，如项目周边有污染源，应采取措施进行消除与避让，且项目建成后各项污染物不超标排放。这些标准包括但不限于：《大气污染物综合排放标准》GB 16297、《饮食业油烟排放标准》GB 18483、《锅炉大气污染物排放标准》GB 13271、《社会生活环境噪声排放标准》GB 22337、《生活垃圾焚烧污染控制标准》GB 18485、《生活垃圾填埋场污染控制标准》GB 16889。

　　需要说明的是，虽然《环境空气质量标准》GB 3095 广受关注，但考虑到环境空气质量可能在一个大尺度区域内趋同，远非选址所能避免，故不以此对所有建筑作统一要求。

【具体评价方式】

　　本条适用于各类民用建筑的设计、运行评价。

　　设计评价查阅环评报告，审核应对措施的合理性，及其在设计图纸上的落实情况。

　　运行评价在设计评价方法之外还应现场核实，并核查污染防治措施落实情况及其有效性。

4.1.4 建筑规划布局应满足日照标准，且不得降低周边建筑的日照标准。

【条文说明扩展】

　　我国对住宅、宿舍、托儿所、幼儿园、中小学校等建筑都制定了日照标准要求，在规划、设计时应遵照执行。对没有相应标准要求的，符合城乡规划的要求即为达标。

　　《民用建筑设计通则》GB 50352-2005 规定：

　　5.1.3　建筑日照标准应符合下列要求：

　　1　每套住宅至少应有一个居住空间获得日照，该日照标准应符合现行国家标准《城市居住区规划设计规范》GB 50180 有关规定；

　　2　宿舍半数以上的居室，应能获得同住宅居住空间相等的日照标准；

　　3　托儿所、幼儿园的主要生活用房，应能获得冬至日不小 3h 的日照标准；

　　4　老年人住宅、残疾人住宅的卧室、起居室，医院、疗养院半数以上的病房和疗养室，中小学半数以上的教室应能获得冬至日不小于 2h 的日照标准。

　　《城市居住区规划设计规范》GB 50180-93（2002 年版）规定：

5.0.2.1　住宅日照标准应符合表 5.0.2-1 的规定，对于特定情况还应符合下列规定：

(1) 老年人居住建筑不应低于冬至日日照 2 小时的标准；

(2) 在原设计建筑外增加设施不应使相邻住宅原有日照标准降低；

(3) 旧区改建的项目内新建住宅日照标准可酌情降低，但不应低于大寒日日照 1 小时的标准。

表 5.0.2-1　住宅建筑日照标准

气候区划	Ⅰ、Ⅱ、Ⅲ、Ⅶ气候区		Ⅳ气候区		Ⅴ、Ⅵ气候区
	大城市	中小城市	大城市	中小城市	
日照标准日	大寒日			冬至日	

续表 5.0.2-1

气候区划	Ⅰ、Ⅱ、Ⅲ、Ⅶ气候区		Ⅳ气候区		Ⅴ、Ⅵ气候区
	大城市	中小城市	大城市	中小城市	
日照时数（h）	≥2		≥3		≥1
有效日照时间带（h）	8～16				9～15
日照时间计算起点	底层窗台面				

《宿舍建筑设计规范》JGJ 36－2005 规定：

4.1.3　宿舍半数以上居室应有良好朝向，并应具有住宅居室相同的日照标准。

《中小学校设计规范》GB 50099－2011 规定：

4.3.3　普通教室冬至日满窗日照不应少于 2h。

4.3.4　中小学校至少应有 1 间科学教室或生物实验室的室内能在冬季获得直射阳光。

《老年人居住建筑设计标准》GB/T 50340－2003 规定：

3.2.6　老年人居住用房应布置在采光通风好的地段，应保证主要居室有良好的朝向，冬至日满窗日照不宜小于 2 小时。

2014 年 10 月 29 日，国务院以国发〔2014〕51 号印发《关于调整城市规模划分标准的通知》，对原有城市规模划分标准进行了调整，明确了新的城市规模划分标准。但在执行本条评价时，仍应参照《城市居住区规划设计规范》GB 50180－93（2002 版）在制定时所划定的原标准，即：以市区（包括中心城区和近郊区）非农业人口 50 万为界，以上为大城市（含特大城市），以下为中、小城市（参见 1989 年发布的《中华人民共和国城市规划法》）。

最后需要补充的是，本条考察的是建筑规划布局，而不考察建筑内部空间设计（例如，住宅套内是否有一个或多个居室可获得日照）。

【具体评价方式】

本条适用于各类民用建筑的设计、运行评价。

设计评价查阅建筑总平面图等设计文件和日照模拟分析报告。

运行评价在设计评价方法之外还应核实竣工图，并现场核查建筑间距的落实情况。

对于改造项目需要区分两种情况：周边建筑改造前满足日照标准的，应保证其改造后仍符合相关日照标准的要求；周边建筑改造前未满足日照标准的，改造后不可再降低其原有的日照水平。

4.2　评　分　项

Ⅰ　土　地　利　用

4.2.1　节约集约利用土地，评价总分值为 19 分。对居住建筑，根据其人均居住用地指标按表 4.2.1-1 的规则评分；对公共建筑，根据其容积率按表 4.2.1-2 的规则评分。

表 4.2.1-1 居住建筑人均居住用地指标评分规则

居住建筑人均居住用地指标 A（m²）					得分
3 层及以下	4～6 层	7～12 层	13～18 层	19 层及以上	
$35<A\leqslant41$	$23<A\leqslant26$	$22<A\leqslant24$	$20<A\leqslant22$	$11<A\leqslant13$	15
$A\leqslant35$	$A\leqslant23$	$A\leqslant22$	$A\leqslant20$	$A\leqslant11$	19

表 4.2.1-2 公共建筑容积率评分规则

容积率 R	得分
$0.5\leqslant R<0.8$	5
$0.8\leqslant R<1.5$	10
$1.5\leqslant R<3.5$	15
$R\geqslant3.5$	19

【条文说明扩展】

对于本条居住建筑的评价要求，国土资源部自 2003 年起已明令要求"停止别墅类用地供应"，但别墅建设仍屡禁不止。2012 年初，国土资源部发布《关于做好 2012 年房地产用地管理和调控重点工作的通知》，再次强调了"要严格控制高档住宅用地，不得以任何形式安排别墅类用地"。别墅虽属于居住建筑，但人均占有的土地资源过大，不符合我国节约用地的基本国策，因此本标准评价的绿色建筑不包括国家明令禁止的别墅类项目。

人均居住用地指标是指每人平均占有居住用地的面积，是控制居住建筑节地的关键性指标。根据现行国家标准《城市居住区规划设计规范》GB 50180－93（2002 年版）第 3.0.3 条，决定人均居住用地指标的主要因素有：一是建筑气候分区，居住区所处建筑气候分区及地理纬度所决定的日照间距要求的大小不同，对居住密度和相应的人均占地面积也有明显影响；二是居住区居住人口规模，因涉及公共服务设施、道路和公共绿地的配套设置等级不同，一般人均居住用地面积：居住区高于小区，小区高于组团；三是住宅层数，通常住宅层数较高，所能达到的居住密度相应较高，人均所需居住区用地相应就低一些。这三个因素通常具有明显的规律性。为便于操作，本标准依照小区、组团两种分级规模提出了两个档次的评分标准，作为居住建筑节地的评价要求。

对于本条公共建筑的评价要求，虽然建设方、设计方均无权自行提高容积率，但容积率仍然是获得共识的建筑节地衡量指标，容积率高确实要节地。另一方面，本条的容积率指标值也考虑了宜居环境的要求，并未确定很高的容积率，鼓励适当幅度的提高。

【具体评价方式】

设计评价查阅设计文件中相关技术经济指标、计算书。

1 居住建筑，查阅住区总用地面积、总户数、总人口（可按 3.2 人/户换算人口数）等，核算申报项目的人均居住用地指标计算书。不同规模居住用地面积应按下列方法进行计算：

（1）小型项目（达不到组团规模的）：按照所在地城乡规划管理部门核发的建设用地规划许可证批准的用地面积进行计算。

（2）居住组团：按照包含本次申报所有居住建筑且由住区道路完整围合区域的用地面积进行计算。

（3）居住小区：部分居住建筑或某栋居住建筑申报，按照城乡规划管理部门批准的完整的居住建设项目的用地面积进行计算。

（4）申报项目为某个综合开发项目，依照建设用地规划许可证的规划条件进行计算。评价规则按本标准第3.2.9条的规定执行。

2 公共建筑，查阅总用地面积、地上总建筑面积、容积率等，校核项目的容积率指标计算书。容积率应按下列的方法进行核算：

（1）申报项目用地性质明确且有独立用地边界时，其容积率应按所在地城乡规划管理部门核发的建设用地规划许可证规划条件提出的容积率进行核算。

（2）申报项目为某个综合开发项目中的部分建筑申报时，依照建设用地规划许可证的规划条件进行计算。评价规则按本标准第3.2.9条的规定执行。

运行评价在设计评价方法之外应核实竣工图中人均居住用地指标、容积率的落实情况。

人均居住用地指标计算和评分方式如下：

（1）当住区内所有住宅建筑层数相同时，计算人均居住用地指标，将其与标准中相应层数建筑的值进行比较，得到具体评价分值。人均居住用地指标计算如下：

$$A = R \div (H \times 3.2)$$

式中：R——参评范围的居住用地面积；

A——人均居住用地面积；

H——住宅户数；3.2指每户3.2人，若当地有具体规定，可按照当地规定取值，如北京地区按照每户2.8人计算。

（2）当住区内不同层数的住宅建筑混合建设时，计算现有居住户数可能占用的最大居住用地面积，将其与实际参评居住用地面积进行比较，得到具体评价分值。

当 $R \geqslant (H_1 \times 41 + H_2 \times 26 + H_3 \times 24 + H_4 \times 22 + H_5 \times 13) \times 3.2$ 时，得0分。

当 $R \leqslant (H_1 \times 41 + H_2 \times 26 + H_3 \times 24 + H_4 \times 22 + H_5 \times 13) \times 3.2$ 时，得15分。

当 $R \leqslant (H_1 \times 35 + H_2 \times 23 + H_3 \times 22 + H_4 \times 20 + H_5 \times 11) \times 3.2$ 时，得19分。

式中：H_1——3层及以下住宅户数；

H_2——4~6层住宅户数；

H_3——7~12层住宅户数；

H_4——13~18层住宅户数；

H_5——19层及以上住宅户数；

R——参评范围的居住用地面积。

4.2.2 场地内合理设置绿化用地，评价总分值为9分，并按下列规则评分：

1 居住建筑按下列规则分别评分并累计：

1）住区绿地率：新区建设达到 30%，旧区改建达到 25%，得 2 分；

2）住区人均公共绿地面积：按表 4.2.2-1 的规则评分，最高得 7 分。

表 4.2.2-1　住区人均公共绿地面积评分规则

住区人均公共绿地面积 A_g		得分
新区建设	旧区改建	
$1.0\text{m}^2{\leqslant}A_g{<}1.3\text{m}^2$	$0.7\text{m}^2{\leqslant}A_g{<}0.9\text{m}^2$	3
$1.3\text{m}^2{\leqslant}A_g{<}1.5\text{m}^2$	$0.9\text{m}^2{\leqslant}A_g{<}1.0\text{m}^2$	5
$A_g{\geqslant}1.5\text{m}^2$	$A_g{\geqslant}1.0\text{m}^2$	7

2　公共建筑按下列规则分别评分并累计：

1）绿地率：按表 4.2.2-2 的规则评分，最高得 7 分；

表 4.2.2-2　公共建筑绿地率评分规则

绿地率 R_g	得分
$30\%{\leqslant}R_g{<}35\%$	2
$35\%{\leqslant}R_g{<}40\%$	5
$R_g{\geqslant}40\%$	7

2）绿地向社会公众开放，得 2 分。

【条文说明扩展】

本条第 1 款是针对居住建筑的评价要求。绿地率和公共绿地是衡量住区环境质量的重要标志。本条的评价内容体现了住区中不仅鼓励合理设置绿地，优化空间环境，而且更加倡导住区设置必要的公共绿地，提供户外交往空间和活动空间，提高生活质量。

本条第 2 款是针对公共建筑的评价要求。本条文意在鼓励优化公共建筑布局设置更多的绿化用地或绿化广场，创造更加宜人的公共空间；鼓励绿地或绿化广场设置必要的休憩、娱乐等设施并作为公共绿地向社会公众免费开放，或利用非办公时间免费定时向社会公众开放，以提供更多的公共活动空间。

《城市居住区规划设计规范》GB 50180-93（2002 年版）第 2.0.32 条将绿地率定义为"居住区用地范围内各类绿地面积的总和占居住区用地面积的比率（%）。"绿地应包括：公共绿地、宅旁绿地、公共服务设施所属绿地和道路绿地（即道路红线内的绿地），其中包括满足当地植树绿化覆土要求、方便居民出入的地下或半地下建筑的屋顶绿地，不应包括屋顶、晒台的人工绿地。《城市居住区规划设计规范》GB 50180-93（2002 年版）第 7.0.4 条还对居住区内的公共绿地作了具体规定，包括中心绿地，以及老年人、儿童活动场地和其他的块状、带状公共绿地等。不仅规定了居住区公园、小游园、组团绿地等各级中心绿地的设置内容、要求和最小规模，还要求中心绿地、其他块状带状公共绿地宽度不小于 8m、面积不小于 400m²、至少应有一个边与相应级别的道路相邻、绿化面积（含水面）不低于 70%、有不少于 1/3 的绿地面积在标准的建筑日照阴影线范围之外（组团绿地）等。

【具体评价方式】

本条适用于各类民用建筑的设计、运行评价。

设计评价：

1 居住建筑，查阅相关设计文件中的相关技术经济指标，内容包括住区总用地面积、总户数、总人口、绿地面积、公共绿地面积等，根据设计指标核算申报项目的绿地率及人均公共绿地面积指标（与第4.2.1条的用地面积及人口数应一致）。需提供居住建筑平面日照等时线模拟图，以便核查公共绿地的面积。

2 公共建筑，查阅相关设计文件中的相关技术经济指标，内容包括项目总用地面积、绿地面积、绿地率；检查设计文件中是否体现了绿地将向社会公众开放的设计理念及措施。幼儿园、小学、中学、医院建筑的绿地，评价时可视为开放的绿地，直接得分。对没有可开放绿地的其他公共建筑项目，本款第2项不得分。

运行评价在设计评价方法之外应核实竣工图，并现场核查绿地、公共绿地及绿地向社会公众开放的落实情况。

若申报范围为建设项目的局部，绿地相关指标可参照第4.2.1条的方法进行核算。

4.2.3 合理开发利用地下空间，评价总分值为6分，按表4.2.3的规则评分。

表4.2.3 地下空间开发利用评分规则

建筑类型	地下空间开发利用指标		得分
居住建筑	地下建筑面积与地上建筑面积的比率 R_r	$5\% \leqslant R_r < 15\%$	2
		$15\% \leqslant R_r < 25\%$	4
		$R_r \geqslant 25\%$	6
公共建筑	地下建筑面积与总用地面积之比 R_{p1} 地下一层建筑面积与总用地面积的比率 R_{p2}	$R_{p1} \geqslant 0.5$	3
		$R_{p1} \geqslant 0.7$ 且 $R_{p2} < 70\%$	6

【条文说明扩展】

开发利用地下空间是城市节约集约用地的重要措施之一。地下空间可作为车库、机房、公共服务设施、超市、储藏等空间，其开发利用应与地上建筑及其他相关城市空间紧密结合，统一规划，满足安全、卫生、便利等要求。

本条鼓励充分利用地下空间，但从雨水渗透及地下水补给，减少径流外排等生态环保要求出发，对于公共建筑地下一层建筑面积与总用地面积的比率作了适当限制。

【具体评价方式】

本条适用于各类民用建筑的设计、运行评价。由于地下空间的利用受诸多因素制约，因此未利用地下空间的项目应提供相关说明。经论证，场地区位、地质等条件不适宜开发地下空间的，本条可不参评。

设计评价查阅相关设计文件、计算书，审核地下空间设计的合理性；居住建筑核查地下建筑面积与地上建筑面积的比率；公共建筑核查地下建筑面积与总用地面积之比，同时核查地下一层建筑面积与总用地面积的比率。

运行评价在设计评价方法之外核查竣工图的相关指标，并现场核查。

Ⅱ 室 外 环 境

4.2.4 建筑及照明设计避免产生光污染，评价总分值为 4 分，并按下列规则分别评分并累计：

1 玻璃幕墙可见光反射比不大于 0.2，得 2 分；

2 室外夜景照明光污染的限制符合现行行业标准《城市夜景照明设计规范》JGJ/T 163 的规定，得 2 分。

【条文说明扩展】

玻璃幕墙的有害光反射是指对人引起视觉累积损害或干扰的玻璃幕墙光反射，包括失能眩光、不舒适眩光。本条第 1 款对玻璃幕墙可见光反射比作了限制。（光）反射比的定义可参见《玻璃幕墙光学性能》GB/T 18091-2000 第 3.1 条的规定，即：被物体表面反射的光通量与入射到物体表面的光通量之比。

行业标准《城市夜景照明设计规范》JGJ/T 163-2008 第 7 章"光污染的限制"规定了光污染的限制应遵循的原则、光污染的限制应符合的规定、光污染的限制应采取的措施。其中光污染的限制应符合的规定包括：

1 夜景照明设施在居住建筑窗户外表面产生的垂直面照度不应大于规定值；

2 夜景照明灯具朝居室方向的发光强度不应大于规定值；

3 城市道路的非道路照明设施对汽车驾驶员产生的眩光的阈值增量不应大于 15%；

4 居住区和步行区的夜景照明设施应避免对行人和非机动车人造成眩光，夜景照明灯具的眩光限制值应满足规定；

5 灯具的上射光通比的最大值不应大于规定值；

6 夜景照明在建筑立面和标识面产生的平均亮度不应大于规定值。

【具体评价方式】

本条适用于各类民用建筑的设计、运行评价。非玻璃幕墙建筑，第 1 款直接得 2 分；不设室外夜景照明且经论证合理的，第 2 款直接得 2 分。

设计评价审核光污染分析专项报告、玻璃的光学性能检验报告、灯具的光度检验报告、照明设计方案（含计算书）、照明施工图。

运行评价在设计评价方法之外还应查阅竣工图、光污染分析专项报告、玻璃进场复验报告、灯具进场复验报告等相关检测报告，并现场核查玻璃幕墙的可见光反射、夜景照明光污染控制情况。

4.2.5 场地内环境噪声符合现行国家标准《声环境质量标准》GB 3096 的有关规定，评价分值为 4 分。

【条文说明扩展】

国家标准《声环境质量标准》GB 3096-2008 规定了各类声环境功能区的环境噪声等

效声级限值，具体要求如下表。

环境噪声限值（单位：dB（A））

声环境功能区类别	时段	昼间	夜间
0 类		50	40
1 类		55	45
2 类		60	50
3 类		65	55
4 类	4a 类	70	55
	4b 类	70	60

注：各类声环境功能区分类见《声环境质量标准》GB 3096－2008 中的具体规定。

具体的措施包括但不限于：

1 对场地周围的环境噪声情况进行调研，得出噪声现状的检测报告，并根据规划实施后的环境变化及其噪声状况的变化，对规划实施后的环境噪声作出预测，从而在规划中依照噪声的来源、分布，提出合理的防噪、降噪方案。

2 在总平面规划时，注意噪声源及噪声敏感建筑物的合理布局，不把噪声敏感性高的居住用建筑安排在临近交通干道的位置，同时确保不会受到固定噪声源的干扰。通过对建筑朝向、定位及开口的布置，减弱所受外部环境噪声的影响。

3 采用适当的隔离或降噪措施，减少环境噪声干扰。例如，采取道路声屏障、低噪声路面、绿化降噪、限制重载车通行等隔离和降噪措施；对于可能产生噪声干扰的固定的设备噪声源采取隔声和消声措施，降低其环境噪声。

【具体评价方式】

本条适用于各类民用建筑的设计、运行评价。

设计评价审核环境噪声影响评估报告（含现场测试报告）、噪声预测分析报告。如果环评报告中包含噪声预测分析的相关内容，则可不单独提供噪声预测分析报告；如果没有现场测试结果、噪声预测值等，则需单独提供由第三方机构检测的噪声检测报告和（或）噪声模拟计算文件。

运行评价在设计评价方法之外还应现场测试是否达到要求。

4.2.6 场地内风环境有利于室外行走、活动舒适和建筑的自然通风，评价总分值为 6 分，并按下列规则分别评分并累计：

1 在冬季典型风速和风向条件下，按下列规则分别评分并累计：

    1）建筑物周围人行区风速小于 5m/s，且室外风速放大系数小于 2，得 2 分；

    2）除迎风第一排建筑外，建筑迎风面与背风面表面风压差不大于 5Pa，得 1 分；

2 过渡季、夏季典型风速和风向条件下，按下列规则分别评分并累计：

1) 场地内人活动区不出现涡旋或无风区，得 2 分；

2) 50％以上可开启外窗室内外表面的风压差大于 0.5Pa，得 1 分。

【条文说明扩展】

本条第 1 款第 2 项的表面风压差主要是指平均风压差；第 2 款第 2 项计算风压差时，室内压力默认为 0Pa，不需要单独模拟。

《城市居住区热环境设计规范》JGJ 286－2013 中的强制性条文规定：

4.1.1 居住区的夏季平均迎风面积比应符合表 4.1.1 的规定。

表 4.1.1 居住区的夏季平均迎风面积比限值

建筑气候区	Ⅰ、Ⅱ、Ⅵ、Ⅶ建筑气候区	Ⅲ、Ⅴ建筑气候区	Ⅳ建筑气候区
平均迎风面积比	≤0.85	≤0.80	≤0.70

室外风环境模拟的边界条件和基本设置需满足以下规定：

1) 计算区域：建筑迎风截面堵塞比（模型面积/迎风面计算区域截面积）小于 4％；以目标建筑（高度 H）为中心，半径 5H 范围内为水平计算域。在来流方向，建筑前方距离计算区域边界要大于 2H，建筑后方距离计算区域边界要大于 6H。

2) 模型再现区域：目标建筑边界 H 范围内应以最大的细节要求再现。

3) 网格划分：建筑的每一边人行高度区 1.5m 或 2m 高度应划分 10 个网格或以上；重点观测区域要在地面以上第 3 个网格或更高的网格内。

4) 入口边界条件：入口风速的分布应符合梯度风规律。参考国内外标准以及我国研究成果，建议不同地貌情况下入口梯度风的指数 α 取值如下表。

大气边界层不同地貌的 α 值

类别	空旷平坦地面	城市郊区	大城市中心
α	0.14	0.22	0.28

5) 地面边界条件：对于未考虑粗糙度的情况，采用指数关系式修正粗糙度带来的影响；对于实际建筑的几何再现，应采用适应实际地面条件的边界条件；对于光滑壁面应采用对数定律。

6) 湍流模型：选择标准 k-ε 模型。高精度要求时采用 Durbin 模型或 MMK 模型。

7) 差分格式：避免采用一阶差分格式。

室外风环境模拟应得到以下输出结果：

(1) 不同季节不同来流风速下，模拟得到场地内 1.5m 高处的风速分布。

(2) 不同季节不同来流风速下，模拟得到冬季室外活动区的风速放大系数。

(3) 不同季节不同来流风速下，模拟得到建筑首层及以上典型楼层迎风面与背风面（或主要开窗面）表面的压力分布。

对于不同季节，如果主导风向、风速不唯一（可参考《实用供热空调设计手册》或当地气象局历史数据），宜分析两种主导风向下的情况。

【具体评价方式】

本条适用于各类民用建筑的设计、运行评价。若只有一排建筑，本条第 1 款第 2 项直接得 1 分。对于半下沉室外空间，此条也需进行评价。

设计评价查阅相关设计文件、风环境模拟计算报告。

运行评价查阅相关竣工图、风环境模拟计算报告，并现场核查是否全部按照设计要求进行施工。必要时，可进行现场实测验证是否符合设计要求。

4.2.7 采取措施降低热岛强度，评价总分值为 4 分，并按下列规则分别评分并累计：

1 红线范围内户外活动场地有乔木、构筑物等遮阴措施的面积达到 10%，得 1 分；达到 20%，得 2 分；

2 超过 70% 的道路路面、建筑屋面的太阳辐射反射系数不小于 0.4，得 2 分。

【条文说明扩展】

《城市居住区热环境设计规范》JGJ 286-2013 中的强制性条文规定：

4.2.1 居住区夏季户外活动场地应有遮阳，遮阳覆盖率不应小于表 4.2.1 的规定。

表 4.2.1 居住区活动场地的遮阳覆盖率限值（%）

场地	建筑气候区	
	Ⅰ、Ⅱ、Ⅵ、Ⅶ	Ⅲ、Ⅳ、Ⅴ
广场	10	25
游憩场	15	30
停车场	15	30
人行道	25	30

户外活动场地包括：步道、庭院、广场、游憩场和停车场。其遮阴措施包括绿化遮阴、构筑物遮阴、建筑日照投影遮阴。建筑日照投影遮阴面积按照夏至日 8：00～16：00 内有 4h 处于建筑阴影区域的户外活动场地面积计算。乔木投影按照树冠计算。设计时按照 20 年或以上的成活乔木计算其树冠，或参考园林设计中的推荐计算方法。对于首层架空构筑物，架空空间如果是活动空间，可计算在内。

如果综合各种效果，通过室外热环境的模拟计算，可以证明室外平均热岛强度≤1.5℃，也可以得分。

为保证模拟结果的准确性。模拟报告要求如下：

1 气象条件：模拟气象条件可参照《中国建筑热环境分析专用气象数据集》选取，值得注意的是，气象条件需涵盖太阳辐射强度和天空云量等参数以供太阳辐射模拟计算使用。

2 风环境模拟：建筑室外热岛模拟建立在建筑室外风环境模拟的基础上，求解建筑室外各种热过程从而实现建筑室外热岛强度计算，因而，建筑室外风环境模拟结果直接影响热岛强度计算结果。建筑室外热岛模拟需满足建筑室外风环境模拟的要求。包括计算区域，模型再现区域，网格划分要求，入口边界条件，地面边界条件，计算规则与收敛性，差分格式，湍流模型等。

3 太阳辐射模拟：建筑室外热岛模拟中，建筑表面及下垫面太阳辐射模拟是重要模拟环节，也是室外热岛强度的重要影响因素。太阳辐射模拟需考虑太阳直射辐射，太阳散射辐射，各表面间多次反射辐射和长波辐射等。实际应用中需采用适当的模拟软件，若所采用软件中对多次反射部分的辐射计算或散射计算等因素未加以考虑，需对模拟结果进行修正，以满足模拟计算精度要求。

4 下垫面及建筑表面参数设定：对于建筑各表面和下垫面，需对材料物性和反射率、透率，蒸发率等参数进行设定，以准确计算太阳辐射和建筑表面及下垫面传热过程。

5 景观要素参数设定：建筑室外热环境中，植物水体等景观要素对模拟结果的影响重大，需要模拟中进行相关设定。对于植物，可根据多孔介质理论模拟植物对风环境的影响作用，并根据植物热平衡计算，根据辐射计算结果和植物蒸发速率等数据，计算植物对热环境的影响作用，从而完整体现植物对建筑室外微环境的影响。对于水体，分静止水面和喷泉，应进行不同设定。工程应用中可对以上设定进行适当简化。

输出结果：

建筑室外热岛强度模拟，可得到建筑室外温度分布情况，从而给出建筑室外平均热岛强度计算结果，以此辅助建筑景观设计。然而，为验证模拟准确性，同时应提供各表面的太阳辐射累计量模拟结果，建筑表面及下垫面的表面温度计算结果，建筑室外风环境模拟结果等。

【具体评价方式】

本条适用于各类民用建筑的设计、运行评价。

设计评价查阅室外景观总平图、乔木种植平面图、构筑物设计详图（需含构筑物投影面积值）、户外活动场地遮阴面积比例计算书；屋面做法详图及道路铺装详图；屋面、道路表面建材的太阳辐射反射系数统计表。

运行评价在设计评价方法之外，还应核实各项设计措施的实施情况，审核建筑屋面、道路表面建材的太阳辐射反射系数测试报告。

Ⅲ 交通设施与公共服务

4.2.8 场地与公共交通设施具有便捷的联系，评价总分值为 9 分，并按下列规则分别评分并累计：

1 场地出入口到达公共汽车站的步行距离不大于 500m，或到达轨道交通站的步行距离不大于 800m，得 3 分；

2 场地出入口步行距离 800m 范围内设有 2 条及以上线路的公共交通站点（含公共汽车站和轨道交通站），得 3 分；

3 有便捷的人行通道联系公共交通站点，得 3 分。

【条文说明扩展】

为便于建筑使用者利用公共交通出行，在项目选址与场地规划中应重视建筑及场地与公共交通站点的有机联系，合理设置出入口并设置便捷的步行通道联系公共交通站点，如直接通过架设天桥将建筑与公交站点相通，通过空间的合理组织将建筑室内空间与轨道交通站场连通，设计专用的步行通道减少行人绕行、便捷地与城市道路的步行系统相连等。

交通调查显示，我国居民步行出行的平均速度为 3km/h～5km/h，500m 大约步行 5min～10min，是居民步行的可承受距离；800m 大约步行 8min～16min，是居民对轨道交通的可承受距离。

【具体评价方式】

本条适用于各类民用建筑的设计、运行评价。

设计评价查阅建筑总平面图、场地周边公共交通设施布局图（应标出场地到达公交站点的步行线路、场地出入口到达公交站点的距离，包括建筑与公共交通站场连通的专用通道、连接口等内容）。

运行评价在设计评价方法之外应查阅竣工图、现场照片，并现场核查。

4.2.9 场地内人行通道采用无障碍设计，评价分值为 3 分。

【条文说明扩展】

建筑场地内部的无障碍设计以及场地与外部人行系统的连接是目前无障碍设施建设的薄弱环节。建筑作为城市的有机单元，其无障碍设施建设应纳入城市无障碍系统，并符合现行国家标准《无障碍设计规范》GB 50763 的要求。

【具体评价方式】

本条适用于各类民用建筑的设计、运行评价。

设计评价查阅建筑总平面图、总图的竖向及景观设计文件。重点审查建筑的主要出入口是否满足无障碍要求，场地内的人行系统以及与外部城市道路的连接是否满足无障碍要求。

运行评价在设计评价方法之外，应查阅竣工图、现场照片，并现场核查。场地内盲道的设置可不作为审查重点。

4.2.10 合理设置停车场所，评价总分值为 6 分，并按下列规则分别评分并累计：

   1 自行车停车设施位置合理、方便出入，且有遮阳防雨措施，得 3 分；
   2 合理设置机动车停车设施，并采取下列措施中至少 2 项，得 3 分：
      1）采用机械式停车库、地下停车库或停车楼等方式节约集约用地；
      2）采用错时停车方式向社会开放，提高停车场（库）使用效率；
      3）合理设计地面停车位，不挤占步行空间及活动场所。

【条文说明扩展】

绿色建筑鼓励使用自行车等绿色环保的交通工具，为绿色出行提供便利条件，设计安全方便、规模适度、布局合理、符合使用者出行习惯的自行车停车场所。机动车停车除符合所在地控制性详细规划要求外，还应统筹规划、合理设置、科学管理，并对人行、活动不产生干扰且不占用人行及活动空间。鼓励采用机械式停车库、地下停车库等方式节约集约用地，鼓励采用错时停车方式向社会开放，延长车位占用时间，提高停车场所使用率。建设项目在设计阶段就应合理规划、统筹安排机动车停车场所，不挤占人行、活动空间。

【具体评价方式】

本条适用于各类民用建筑的设计、运行评价。

设计评价查阅建筑总平面图（注明自行车库/棚位置、地面停车场位置）、自行车库/棚及附属设施施工图，停车场（库）施工图，错时停车管理制度文件、地面交通流线分析图等。自行车库（棚）的设置数量，应满足或高于规划条件中的要求，设置在地面的需设置遮阳篷。机动车停车的数量和位置应满足规划条件的要求。

如规划条件中未要求设置自行车库/棚，且没有设置自行车停车库（棚）的，本条第1款不得分。但对于不适宜使用自行车作为交通工具的情况（例如山地城市），应提供专项说明材料；经论证，确不适宜使用自行车作为交通工具的，本条第1款可不参评。

运行评价查阅竣工图，自行车停车设施、机动车停车设施现场照片及错时停车管理记录，并现场核查。

4.2.11 提供便利的公共服务，评价总分值为6分，并按下列规则评分：

　1　居住建筑：满足下列要求中3项，得3分；满足4项及以上，得6分：

　　1）场地出入口到达幼儿园的步行距离不大于300m；

　　2）场地出入口到达小学的步行距离不大于500m；

　　3）场地出入口到达商业服务设施的步行距离不大于500m；

　　4）相关设施集中设置并向周边居民开放；

　　5）场地1000m范围内设有5种及以上的公共服务设施。

　2　公共建筑：满足下列要求中2项，得3分；满足3项及以上，得6分：

　　1）2种及以上的公共建筑集中设置，或公共建筑兼容2种及以上的公共服务功能；

　　2）配套辅助设施设备共同使用、资源共享；

　　3）建筑向社会公众提供开放的公共空间；

　　4）室外活动场地错时向周边居民免费开放。

【条文说明扩展】

本条第1款是针对居住建筑的评价要求。根据《城市居住区规划设计规范》GB50180－93（2002年版）相关规定，住区配套服务设施（也称配套公建）应包括教育、医疗卫生、文化体育、商业服务、金融邮电、社区服务、市政公用和行政管理等八类设施。公共服务设施主要指城市行政办公、文化、教育科研、体育、医疗卫生和社会福利等设施。住区配套公共服务设施，是满足居民基本的物质与精神生活所需的设施，也是保证居民居住生活品质不可缺少的重要组成部分。居民步行5min～10min可以到达，比较符合居民步行出行的要求，从而大大减少机动车的出行需求，有利于节约能源、保护环境。设施整合集中布局、协调互补和社会共享可提高使用效率、节约用地和投资。

本条第2款是针对公共建筑的评价要求。公共建筑集中设置，配套的设施设备可以共享公用，是提高服务效率、节约资源的有效方法。"兼容2种及以上的公共服务功能"是指主要服务功能在建筑内部混合布局，部分空间共享使用，如建筑中设有共用的会议设施、展览设施、健身设施、餐饮服务设施以及交往空间、休息空间等。向社会提供开放的公共空间和室外场地，既可增加公共活动空间、提高各类设施和场地的使用率，又可陶冶情操、增进社会交往。鼓励或倡导公共建筑附属的开敞空间，尽可能向社会公众开放。如学校的运动场地可以定时向周边居民开放，文化、体育设施的室外活动场地错时向社会开放，办公建筑前的公共广场或公共绿地在非工作时间向周边居民开放。

【具体评价方式】

本条适用于各类民用建筑的设计、运行评价。需注意如参评项目为建筑单体，则"场地出入口"用"建筑主要出入口"替代。

设计评价查阅建筑总平面图、建筑平面图（含公共配套服务设施的相关楼层）、管理实施方案。重点查阅共享共用的设施或空间，拟向社会开放部分的规划设计与组织管理实施方案等。

运行评价查阅竣工图、配套服务设施使用的现场照片、公共设施共享或错时向周边居民开放的证明（制度及其他经营证明文件），并现场核查。运营阶段允许出现公共设施变更经营类型的情况，但种类与设计阶段相比不得减少。

Ⅳ　场地设计与场地生态

4.2.12　结合现状地形地貌进行场地设计与建筑布局，保护场地内原有的自然水域、湿地和植被，采取表层土利用等生态补偿措施，评价分值为 3 分。

【条文说明扩展】

建设项目规划设计应对场地可利用的自然资源进行勘察，充分利用原有地形地貌进行场地设计和建筑布局，尽量减少土石方量，减少开发建设过程对场地及周边环境生态系统的改变，包括原有植被（特别是胸径在 15cm～40cm 的中龄期以上的乔木）、水体、山体、地表行泄洪通道、滞蓄洪坑塘洼地等。场地施工应合理安排，分类收集、保存并利用原场地的表层土。表层土含有丰富的有机质、矿物质和微量元素，适合植物和微生物的生长，场地表层土的保护和回收利用是土壤资源保护、维持生物多样性的重要方法之一。

【具体评价方式】

本条适用于各类民用建筑的设计、运行评价。若申报项目是净地交付，即已完成土地的一级开发成为熟地，则此条不参评。

设计评价阶段查阅场地原地形图、带地形的规划设计图、表层土利用方案、乔木等植被保护方案（保留场地内全部原有中龄期以上的乔木（允许移植））、水面保留方案总平面图、竖向设计图、景观设计总平面图、拟采取的生态补偿措施与实施方案。

运行评价需现场核实地形地貌与原设计的一致性，现场核实原有场地自然水域、湿地和植被的保护情况。对场地的水体和植被作了改造的项目，查阅水体和植被修复改造过程的照片和记录，核实修复补偿情况。查阅表层土收集、堆放、回填过程的照片、施工组织文件和施工记录，以及表层土收集利用量的计算书。

4.2.13　充分利用场地空间合理设置绿色雨水基础设施，对大于 10hm^2 的场地进行雨水专项规划设计，评价总分值为 9 分，并按下列规则分别评分并累计：

1 下凹式绿地、雨水花园等有调蓄雨水功能的绿地和水体的面积之和占绿地面积的比例达到 30%，得 3 分；

2 合理衔接和引导屋面雨水、道路雨水进入地面生态设施，并采取相应的径流污染控制措施，得 3 分；

3 硬质铺装地面中透水铺装面积的比例达到 50%，得 3 分。

【条文说明扩展】

绿色雨水基础设施是一种由诸如林荫街道、湿地、公园、林地、自然植被区等开放空间和自然区域组成的相互联系的网络系统，其典型设施有雨水花园、下凹式绿地、植被浅沟、雨水截流设施、渗透设施、雨水塘、雨水湿地、景观水体、多功能调蓄设施等。

实践证明，小型的、分散的雨水管理设施尤其适用于建设场地的开发。这些设施不仅能有效地控制场地内部的径流，还能从源头防止径流外排对周边场地和环境形成洪涝和污染，缓解了大规模终端控制措施占地面积大、成本高、管理维护复杂、控制效果不理想等问题。

开发利用地面空间设置绿色雨水基础设施，应进行整体规划布局，如合理利用植被缓冲带和前处理塘连接，引导硬质铺装上的雨水进入场地开放绿地等空间；合理采用径流切断措施，引导屋面雨水和道路雨水进入地面生态设施等，保证雨水排放和滞蓄过程中有良好的衔接关系，并有效保障自然水体和景观水体的水质、水量安全。

当建筑场地内或附近有河流、湖泊、水塘、湿地、低洼地时，可利用其作为雨水调蓄设施，而不必再设计人工池体进行调蓄。利用场地内设计景观（如景观绿地和景观水体）来调蓄雨水，可达到有限土地资源多功能开发的目标，并避免开发过程中由于缺乏沟通导致多套系统进行单独设计，浪费大量资金和土地。能调蓄雨水的景观绿地包括下凹式绿地、雨水花园、树池、干塘、湿地等。

"硬质铺装地面"指场地中停车场、道路和室外活动场地等，不包括建筑占地（屋面）、绿地、水面等。透水铺装地面的基层应采用强度高、透水性能良好、水稳定性好的透水材料。根据地面使用功能不同，宜采用级配碎石或透水混凝土。透水铺装材料性能及铺装技术要求应符合国家或地方现行相关标准。相关标准有：《建筑与小区雨水利用工程技术规范》GB 50400，《透水沥青路面技术规程》CJJ/T 190，《透水路面砖和透水路面板》GB/T 25993，《透水水泥混凝土路面技术规程》CJJ/T 135 等。

【具体评价方式】

本条适用于各类民用建筑的设计、运行评价。

设计评价查阅地形图、场地规划设计文件、施工图文件（含总图、景观设计图、室外给排水总平面图、计算书等）、场地雨水综合利用方案或雨水专项规划设计。场地大于 10hm² 的，还应提供雨水专项规划设计，没有提供的本条不得分。具体评价时，申报材料中应提供场地铺装图，要求标明室外透水铺装地面位置、面积、铺装材料。

运行评价在设计评价内容之外，还应现场核查设计要求的实施情况。

对于本条第 3 款，当透水铺装下为地下室顶板时，若地下室顶板设有疏水板及导水管等可将渗透雨水导入与地下室顶板接壤的实土，或地下室顶板上覆土深度能满足当地园林绿化部门要求时，仍可认定其为透水铺装地面。评价时以场地中硬质铺装地面中透水铺装所占的面积比例为依据。

4.2.14 合理规划地表与屋面雨水径流，对场地雨水实施外排总量控制，评价总分值为 6 分。其场地年径流总量控制率达到 55%，得 3 分；达到 70%，得 6 分。

【条文说明扩展】

年径流总量控制率定义为：通过自然和人工强化的入渗、滞蓄、调蓄和收集回用，场地内累计一年得到控制的雨水量占全年总降雨量的比例。

本条意在对场地雨水合理地实施减排控制。雨水设计应协同场地、景观设计，采用屋顶绿化、透水铺装等措施降低地表径流量，同时利用下凹式绿地、浅草沟、雨水花园等加强雨水入渗、降低雨水外排量，也可根据项目的用水需求收集雨水进行回用，实现减少场地雨水外排的目标。

年径流总量控制率为 55%、70% 时对应的降雨量（日值）为设计控制雨量。设计控制雨量的确定应通过统计学方法获得。将多年的降雨量日值按雨量大小分类，统计计算对应于某一降雨量（日值）的降雨总量（小于等于该降雨量的按真实雨量计算出降雨总量，大于该降雨量的按该降雨量计算出降雨总量，两者累计总和）在总降雨量中的比例，取比例为 55%、70%（即年径流总量控制率）时对应的降雨量（日值）作为设计控制雨量。统计年限不同时，不同的年径流总量控制率对应的设计控制雨量会有差异。考虑气候变化的趋势和周期性，推荐采用不少于 30 年的降雨量数据进行统计计算，特殊情况除外。表 4-1 为北京市 30 年降雨量统计计算表。

表 4-1 北京市 30 年降雨量统计计算表

序号	降雨量（日值）（mm）	30 年场次	区间累计降雨量（mm）	区间年均累计降雨量（mm）	区间及以下年均累计降雨量（mm）	区间及以下累计降雨量比例
	A	B	C	D	E	F
1	0.1~2	996	673	22.4	22.4	4.1%
2	2.1~4	271	786.1	26.2	48.6	8.9%
3	4.1~6	147	725.1	24.2	72.8	13.4%
4	6.1~8	117	822.3	27.4	100.2	18.4%
5	8.1~10	94	842.3	28.1	128.3	23.6%
6	10.1~12	55	607.2	20.2	148.5	27.3%
7	12.1~14	51	662.3	22.1	170.6	31.4%
8	14.1~16	36	541.3	18.0	188.7	34.7%
9	16.1~18	28	477.5	15.9	204.6	37.6%
10	18.1~20	29	549.5	18.3	222.9	41.0%
11	20.1~25	68	1548	51.6	274.5	50.5%
12	25.1~30	48	1317.6	43.9	318.4	58.6%
13	30.1~35	34	1112.2	37.1	355.5	65.4%

续表 4-1

序号	降雨量（日值）（mm）	30 年场次	区间累计降雨量（mm）	区间年均累计降雨量（mm）	区间及以下年均累计降雨量（mm）	区间及以下累计降雨量比例
14	35.1~40	21	804.6	26.8	382.3	70.3%
15	40.1~45	18	763.5	25.5	407.8	75.0%
16	45.1~50	10	466.3	15.5	423.3	77.8%
17	50.1~55	13	675.7	22.5	445.8	82.0%
18	55.1~60	6	348.9	11.6	457.4	84.1%
19	60.1~70	16	1037.8	34.6	492.0	90.5%
20	70.1~80	5	378.5	12.6	504.7	92.8%
21	80.1~90	1	84.4	2.8	507.5	93.3%
22	90.1~100	4	371.3	12.4	519.8	95.6%
23	100.1~160	6	718.4	23.9	543.8	100.0%
24	> 160	0	0	0.0	543.8	100.0%

上表中各项统计计算数据以 A、B、C、D、E、F 分别指代，其中 $D=C/$统计年限（本表为 30 年），$E_n=D_n+E_{n-1}$，$F=E/543.8$。

计算示例如下：

为得到年径流总量控制率为 85% 所对应的设计控制雨量，分别选取 2 个降雨量（日值）：30mm 及 35mm，其所对应的区间及以下累计降雨量比例分别为 58.6%、65.4%。

在降雨量（日值）为 30mm 情况下，所能达到的年径流总量控制率（K_1）为：

$K_1 = F +$ 大于 30mm 的降雨场次 $\times$ 30mm/（统计年限 $\times$ 543.8mm）

$= 58.6\% + [(34+21+18+10+13+6+16+5+1+4+6) \times 30]/(30 \times 543.8)$

$= 83.2\%$

在降雨量（日值）为 35mm 情况下，所能达到的年径流总量控制率（K_2）为：

$K_2 = F +$ 大于 35mm 的降雨场次 $\times$ 35mm/（统计年限 $\times$ 543.8mm）

$= 65.4\% + [(21+18+10+13+6+16+5+1+4+6) \times 35]/(30 \times 543.8) = 86.9\%$

通过内插法计算可得，在降雨量（日值）为 32.5mm 的情况下（即设计控制雨量为 32.5mm），年径流总量控制率可达到 85%。

因此，通过建筑所在地区的降雨量统计数据，可计算得出年径流总量控制率对应的设计控制雨量。部分地区年径流总量控制率对应的设计控制雨量见表 4-2。

表 4-2 年径流总量控制率对应的设计控制雨量

城市	年均降雨量（mm）	年径流总量控制率对应的设计控制雨量（mm）		
		55%	70%	85%
北京	544	11.5	19.0	32.5
长春	561	7.9	13.3	23.8

续表 4-2

城市	年均降雨量（mm）	年径流总量控制率对应的设计控制雨量（mm）		
		55％	70％	85％
长沙	1501	11.3	18.1	31.0
成都	856	9.7	17.1	31.3
重庆	1101	9.6	16.7	31.0
福州	1376	11.8	19.3	33.9
广州	1760	15.1	24.4	43.0
贵阳	1092	10.1	17.0	29.9
哈尔滨	533	7.3	12.2	22.6
海口	1591	16.8	25.1	51.1
杭州	1403	10.4	16.5	28.2
合肥	984	10.5	17.2	30.2
呼和浩特	396	7.3	12.0	21.2
济南	680	13.8	23.4	41.3
昆明	988	9.3	15.0	25.9
拉萨	442	4.9	7.5	11.8
兰州	308	5.2	8.2	14.0
南昌	1609	13.5	21.8	37.4
南京	1053	11.5	18.9	34.2
南宁	1302	13.2	22.0	38.5
上海	1158	11.2	18.5	33.2
沈阳	672	10.5	17.0	29.1
石家庄	509	10.1	17.3	31.2
太原	419	7.6	12.5	22.5
天津	540	12.1	20.8	38.2
乌鲁木齐	282	4.2	6.9	11.8
武汉	1308	14.5	24.0	42.3
西安	543	7.3	11.6	20.0
西宁	386	4.7	7.4	12.2
银川	184	5.2	8.7	15.5
郑州	633	11.0	18.4	32.6

注：1 表中的统计数据年限为 1977～2006 年，来源于中国国家气象局。
　　2 其他城市的设计控制雨量，可参考所列类似城市的数值，或依据当地降雨量数据进行统计计算确定。

【具体评价方式】

本条适用于各类民用建筑的设计、运行评价。

设计评价查阅当地降雨统计数据、设计说明书（或雨水专项规划设计报告）、设计控制雨量计算书、施工图文件（含总图、景观设计图、室外给排水总平面图等）。

运行评价查阅当地降雨统计数据、相关竣工图、设计控制雨量计算书、场地年径流总量控制报告，并现场核查。

4.2.15 合理选择绿化方式，科学配置绿化植物，评价总分值为6分，并按下列规则分别评分并累计：

　　1 种植适应当地气候和土壤条件的植物，采用乔、灌、草结合的复层绿化，种植区域覆土深度和排水能力满足植物生长需求，得3分；

　　2 居住建筑绿地配植乔木不少于3株/100㎡，公共建筑采用垂直绿化、屋顶绿化等方式，得3分。

【条文说明扩展】

　　适应当地气候和土壤条件的植物具有较强的适应能力，耐候性强、病虫害少，可提高植物的存活率，有效降低维护费用。种植于有调蓄雨水功能绿地上的植被应根据该设施的类型、设计水位高度和蓄水持续时间等，选择种植合适的植物。一般而言，应有很好的耐旱、耐涝性能和较小的浇灌需求。

　　场地内种植区域的覆土深度应满足乔、灌木自然生长的需要。一般来说满足植物生长需求的覆土深度为：乔木＞1.2m，深根系乔木＞1.5m，灌木＞0.5m，草坪地被＞0.3m。种植区域的覆土深度应满足申报项目所在地相关覆土深度的规定或要求。

　　垂直绿化是与地面基本垂直，在立体空间进行绿化的一种方法。它利用檐、墙、杆、栏等栽植藤本植物、攀缘植物和垂吊植物，达到防护、绿化和美化等效果，能遮挡太阳辐射，改善外墙的保温隔热性能，美化环境，改善小气候，增加建筑物的艺术效果。冬季时植物落叶后还可避免遮挡阳光。垂直绿化适合在西向、东向、南向的低处种植。

【具体评价方式】

　　本条适用于各类民用建筑的设计、运行评价。

　　设计评价查阅景观园林种植平面图和苗木表，查阅设计图纸中标明的场地内种植区域的覆土厚度。

　　居住建筑，还应查阅苗木表中的乔木总株数，核算每100㎡绿地种植的乔木数量。

　　对于公共建筑，还应查阅设计图纸中的屋顶绿化和/或垂直绿化的区域和面积。墙外种植的落叶阔叶乔木、室内垂直绿化、景观小品和围墙栏杆上的垂直绿化不计入垂直绿化。是否采用垂直绿化或屋顶绿化，应经技术经济分析论证。对于公共建筑，采用这两种绿化方式之一即可得分，但采用屋顶绿化方式时，应有适量的绿化面积（屋顶绿化面积占可绿化面积的比例达到30%及以上）。

　　运行评价在设计评价方法之外，还应现场核查实际栽种情况。

5 节能与能源利用

5.1 控 制 项

5.1.1 建筑设计应符合国家现行相关建筑节能设计标准中强制性条文的规定。

【条文说明扩展】

《民用建筑节能条例》第12～17条要求城乡规划主管部门、施工图设计文件审查机构、建设单位、设计单位、施工单位、工程监理单位等，在新建建筑节能工作中均按照民用建筑节能强制性标准来执行，例如规划审查、办理建设工程规划许可证、施工图设计文件审查、竣工验收等等。对于既有建筑节能，条例也要求：居住建筑和本条例第26条规定以外的其他公共建筑不符合民用建筑节能强制性标准的，在尊重建筑所有权人意愿的基础上，可以结合扩建、改建，逐步实施节能改造。实施既有建筑节能改造，应当符合民用建筑节能强制性标准。

对于公共建筑，此条主要应符合国家标准《公共建筑节能设计标准》GB 50189-2015中"建筑与建筑热工"章节的强制性条文第3.2.1、3.2.7、3.3.1、3.3.2、3.3.7条、"供暖通风与空气调节"章节的强制性条文第4.2.5、4.2.8、4.2.10、4.2.14、4.2.17、4.2.14、4.5.2、4.5.4、4.5.6条（另有第4.1.1条不作考察，第4.2.2、4.2.3条在本标准的第5.1.2条中考察），主要指标包括体形系数、围护结构传热系数、太阳得热系数、锅炉热效率、制冷机组性能系数或能效比、热计量、调控等。

国家标准《公共建筑节能设计标准》GB 50189-2015对应条文具体内容如下：

3.2.1 严寒和寒冷地区公共建筑体形系数应符合表3.2.1的规定。

表3.2.1 严寒和寒冷地区公共建筑体形系数限值

单栋建筑面积 A（m^2）	建筑体形系数
$300 < A \leqslant 800$	$\leqslant 0.50$
$A > 800$	$\leqslant 0.40$

3.2.7 甲类公共建筑的屋顶透光部分面积不应大于屋顶总面积的20%。当不能满足本条的规定时，必须按本标准规定的方法进行权衡判断。

3.3.1 根据建筑热工设计的气候分区，甲类公共建筑的围护结构热工性能应分别符合表3.3.1-1～表3.3.1-6的规定。当不能满足本条的规定时，必须按本标准规定的方法进行权衡判断。

表3.3.1-1 严寒A、B区甲类公共建筑围护结构热工性能限值

围护结构部位		体形系数≤0.30	0.30<体形系数≤0.50
		传热系数 $K[W/(m^2 \cdot K)]$	
屋面		≤0.28	≤0.25
外墙(包括非透光幕墙)		≤0.38	≤0.35
底面接触室外空气的架空或外挑楼板		≤0.38	≤0.35
地下车库与供暖房间之间的楼板		≤0.50	≤0.50
非供暖楼梯间与供暖房间之间的隔墙		≤1.2	≤1.2
单一立面外窗 (包括透光幕墙)	窗墙面积比≤0.20	≤2.7	≤2.5
	0.20<窗墙面积比≤0.30	≤2.5	≤2.3
	0.30<窗墙面积比≤0.40	≤2.2	≤2.0
	0.40<窗墙面积比≤0.50	≤1.9	≤1.7
	0.50<窗墙面积比≤0.60	≤1.6	≤1.4
	0.60<窗墙面积比≤0.70	≤1.5	≤1.4
	0.70<窗墙面积比≤0.80	≤1.4	≤1.3
	窗墙面积比>0.80	≤1.3	≤1.2
屋顶透光部分(屋顶透光部分面积≤20%)		≤2.2	
围护结构部位		保温材料层热阻 $R[(m^2 \cdot K)/W]$	
周边地面		≥1.1	
供暖地下室与土壤接触的外墙		≥1.1	
变形缝(两侧墙内保温时)		≥1.2	

表3.3.1-2 严寒C区甲类公共建筑围护结构热工性能限值

围护结构部位		体形系数≤0.30	0.30<体形系数≤0.50
		传热系数 $K[W/(m^2 \cdot K)]$	
屋面		≤0.35	≤0.28
外墙(包括非透光幕墙)		≤0.43	≤0.38
底面接触室外空气的架空或外挑楼板		≤0.43	≤0.38
地下车库与供暖房间之间的楼板		≤0.70	≤0.70
非供暖楼梯间与供暖房间之间的隔墙		≤1.5	≤1.5
单一立面外窗 (包括透光幕墙)	窗墙面积比≤0.20	≤2.9	≤2.7
	0.20<窗墙面积比≤0.30	≤2.6	≤2.4
	0.30<窗墙面积比≤0.40	≤2.3	≤2.1
	0.40<窗墙面积比≤0.50	≤2.0	≤1.7
	0.50<窗墙面积比≤0.60	≤1.7	≤1.5
	0.60<窗墙面积比≤0.70	≤1.7	≤1.5
	0.70<窗墙面积比≤0.80	≤1.5	≤1.4
	窗墙面积比>0.80	≤1.4	≤1.3
屋顶透光部分(屋顶透光部分面积≤20%)		≤2.3	
围护结构部位		保温材料层热阻 $R[(m^2 \cdot K)/W]$	
周边地面		≥1.1	
供暖地下室与土壤接触的外墙		≥1.1	
变形缝(两侧墙内保温时)		≥1.2	

表3.3.1-3 寒冷地区甲类公共建筑围护结构热工性能限值

围护结构部位		体形系数≤0.30		0.30<体形系数≤0.50	
		传热系数 K [W/(m²·K)]	太阳得热系数 SHGC(东、南、西向/北向)	传热系数 K [W/(m²·K)]	太阳得热系数 SHGC(东、南、西向/北向)
屋面		≤0.45	—	≤0.40	—
外墙(包括非透光幕墙)		≤0.50	—	≤0.45	—
底面接触室外空气的架空或外挑楼板		≤0.50	—	≤0.45	—
地下车库与供暖房间之间的楼板		≤1.0	—	≤1.0	—
非供暖楼梯间与供暖房间之间的隔墙		≤1.5	—	≤1.5	—
单一立面外窗 (包括透光幕墙)	窗墙面积比≤0.20	≤3.0	—	≤2.8	—
	0.20<窗墙面积比≤0.30	≤2.7	≤0.52/—	≤2.5	≤0.52/—
	0.30<窗墙面积比≤0.40	≤2.4	≤0.48/—	≤2.2	≤0.48/—
	0.40<窗墙面积比≤0.50	≤2.2	≤0.43/—	≤1.9	≤0.43/—
	0.50<窗墙面积比≤0.60	≤2.0	≤0.40/—	≤1.7	≤0.40/—
	0.60<窗墙面积比≤0.70	≤1.9	≤0.35/0.60	≤1.7	≤0.35/0.60
	0.70<窗墙面积比≤0.80	≤1.6	≤0.35/0.52	≤1.5	≤0.35/0.52
	窗墙面积比>0.80	≤1.5	≤0.30/0.52	≤1.4	≤0.30/0.52
屋顶透光部分(屋顶透光部分面积≤20%)		≤2.4	≤0.44	≤2.4	≤0.35
围护结构部位		保温材料层热阻 R[(m²·K)/W]			
周边地面		≥0.6			
供暖、空调地下室外墙(与土壤接触的墙)		≥0.6			
变形缝(两侧墙内保温时)		≥0.9			

表3.3.1-4 夏热冬冷地区甲类公共建筑围护结构热工性能限值

围护结构部位		传热系数 K [W/(m²·K)]	太阳得热系数 SHGC (东、南、西向/北向)
屋面	围护结构热惰性指标 D≤2.5	≤0.40	—
	围护结构热惰性指标 D>2.5	≤0.50	
外墙(包括非透光幕墙)	围护结构热惰性指标 D≤2.5	≤0.60	—
	围护结构热惰性指标 D>2.5	≤0.80	
底面接触室外空气的架空或外挑楼板		≤0.70	—
单一立面外窗 (包括透光幕墙)	窗墙面积比≤0.20	≤3.5	—
	0.20<窗墙面积比≤0.30	≤3.0	≤0.44/0.48
	0.30<窗墙面积比≤0.40	≤2.6	≤0.40/0.44
	0.40<窗墙面积比≤0.50	≤2.4	≤0.35/0.40
	0.50<窗墙面积比≤0.60	≤2.2	≤0.35/0.40
	0.60<窗墙面积比≤0.70	≤2.2	≤0.30/0.35
	0.70<窗墙面积比≤0.80	≤2.0	≤0.26/0.35
	窗墙面积比>0.80	≤1.8	≤0.24/0.30
屋顶透明部分(屋顶透明部分面积≤20%)		≤2.6	≤0.30

表 3.3.1-5　夏热冬暖地区甲类公共建筑围护结构热工性能限值

围护结构部位		传热系数 K $[W/(m^2 \cdot K)]$	太阳得热系数 SHGC (东、南、西向/北向)
屋面	围护结构热惰性指标 $D \leqslant 2.5$	$\leqslant 0.50$	—
	围护结构热惰性指标 $D > 2.5$	$\leqslant 0.80$	
外墙 (包括非透光幕墙)	围护结构热惰性指标 $D \leqslant 2.5$	$\leqslant 0.80$	—
	围护结构热惰性指标 $D > 2.5$	$\leqslant 1.50$	
底面接触室外空气的架空或外挑楼板		$\leqslant 1.5$	—
单一立面外窗 (包括透光幕墙)	窗墙面积比 $\leqslant 0.20$	$\leqslant 5.2$	$\leqslant 0.52/$—
	$0.20 <$ 窗墙面积比 $\leqslant 0.30$	$\leqslant 4.0$	$\leqslant 0.44/0.52$
	$0.30 <$ 窗墙面积比 $\leqslant 0.40$	$\leqslant 3.0$	$\leqslant 0.35/0.44$
	$0.40 <$ 窗墙面积比 $\leqslant 0.50$	$\leqslant 2.7$	$\leqslant 0.35/0.40$
	$0.50 <$ 窗墙面积比 $\leqslant 0.60$	$\leqslant 2.5$	$\leqslant 0.26/0.35$
	$0.60 <$ 窗墙面积比 $\leqslant 0.70$	$\leqslant 2.5$	$\leqslant 0.24/0.30$
	$0.70 <$ 窗墙面积比 $\leqslant 0.80$	$\leqslant 2.5$	$\leqslant 0.22/0.26$
	窗墙面积比 > 0.80	$\leqslant 2.0$	$\leqslant 0.18/0.26$
屋顶透光部分(屋顶透光部分面积$\leqslant 20\%$)		$\leqslant 3.0$	$\leqslant 0.30$

表 3.3.1-6　温和地区甲类公共建筑围护结构热工性能限值

围护结构部位		传热系数 K $[W/(m^2 \cdot K)]$	太阳得热系数 SHGC (东、南、西向/北向)
屋面	围护结构热惰性指标 $D \leqslant 2.5$	$\leqslant 0.50$	—
	围护结构热惰性指标 $D > 2.5$	$\leqslant 0.80$	
外墙 (包括非透光幕墙)	围护结构热惰性指标 $D \leqslant 2.5$	$\leqslant 0.80$	—
	围护结构热惰性指标 $D > 2.5$	$\leqslant 1.50$	
单一立面外窗 (包括透光幕墙)	窗墙面积比 $\leqslant 0.20$	$\leqslant 5.2$	—
	$0.20 <$ 窗墙面积比 $\leqslant 0.30$	$\leqslant 4.0$	$\leqslant 0.44/0.48$
	$0.30 <$ 窗墙面积比 $\leqslant 0.40$	$\leqslant 3.0$	$\leqslant 0.40/0.44$
	$0.40 <$ 窗墙面积比 $\leqslant 0.50$	$\leqslant 2.7$	$\leqslant 0.35/0.40$
	$0.50 <$ 窗墙面积比 $\leqslant 0.60$	$\leqslant 2.5$	$\leqslant 0.35/0.40$
	$0.60 <$ 窗墙面积比 $\leqslant 0.70$	$\leqslant 2.5$	$\leqslant 0.30/0.35$
	$0.70 <$ 窗墙面积比 $\leqslant 0.80$	$\leqslant 2.5$	$\leqslant 0.26/0.35$
	窗墙面积比 > 0.80	$\leqslant 2.0$	$\leqslant 0.24/0.30$
屋顶透光部分(屋顶透光部分面积$\leqslant 20\%$)		$\leqslant 3.0$	$\leqslant 0.30$

注：传热系数 K 只适用于温和 A 区，温和 B 区的传热系数 K 不作要求。

3.3.2 乙类公共建筑的围护结构热工性能应符合表3.3.2-1和表3.3.2-2的规定。

表3.3.2-1 乙类公共建筑屋面、外墙、楼板热工性能限值

围护结构部位	传热系数 $K[W/(m^2 \cdot K)]$				
	严寒A、B区	严寒C区	寒冷地区	夏热冬冷地区	夏热冬暖地区
屋面	≤0.35	≤0.45	≤0.55	≤0.70	≤0.90
外墙 (包括非透光幕墙)	≤0.45	≤0.50	≤0.60	≤1.0	≤1.5
底面接触室外空气 的架空或外挑楼板	≤0.45	≤0.50	≤0.60	≤1.0	—
地下车库和供暖房 间与之间的楼板	≤0.50	≤0.70	≤1.0	—	—

表3.3.2-2 乙类公共建筑外窗(包括透光幕墙)热工性能限值

围护结构部位	传热系数 $K[W/(m^2 \cdot K)]$					太阳得热系数 SHGC		
外窗(包括透光幕墙)	严寒 A、B区	严寒 C区	寒冷 地区	夏热冬 冷地区	夏热冬 暖地区	寒冷 地区	夏热冬 冷地区	夏热冬 暖地区
单一立面外窗 (包括透光幕墙)	≤2.0	≤2.2	≤2.5	≤3.0	≤4.0	—	≤0.52	≤0.48
屋顶透光部分 (屋顶透光部分面积≤20%)	≤2.0	≤2.2	≤2.5	≤3.0	≤4.0	≤0.44	≤0.35	≤0.30

3.3.7 当公共建筑入口大堂采用全玻幕墙时,全玻幕墙中非中空玻璃的面积不应超过同一立面透光面积(门窗和玻璃幕墙)的15%,且应按同一立面透光面积(含全玻幕墙面积)加权计算平均传热系数。

4.2.5 在名义工况和规定条件下,锅炉的热效率不应低于表4.2.5的数值。

表4.2.5 锅炉的热效率(%)

锅炉类型 及燃料种类		锅炉额定蒸发量 $D(t/h)$/额定热功率 $Q(MW)$					
		$D<1$/ $Q<0.7$	$1≤D≤2$/ $0.7≤Q≤1.4$	$2<D≤6$/ $1.4<Q≤4.2$	$6≤D≤8$/ $4.2≤Q≤5.6$	$8<D≤20$/ $5.6<Q≤14.0$	$D>20$/ $Q>14.0$
燃油燃气 锅炉	重油	86		88			
	轻油	88		90			
	燃气	88		90			
层状燃烧锅炉		75	78	80		81	82
抛煤机链条 炉排锅炉	Ⅲ类 烟煤	—	—	—		82	83
流化床燃烧 锅炉				84			

4.2.8 电动压缩式冷水机组的总装机容量,应按本标准第4.1.1条的规定计算的空调冷负荷值直接选定,不得另作附加。在设计条件下,当机组的规格不符合计算冷负荷的

要求时，所选择机组的总装机容量与计算冷负荷的比值不得大于 1.1。

4.2.10 采用电机驱动的蒸气压缩循环冷水(热泵)机组时，其在名义制冷工况和规定条件下的性能系数(COP)应符合下列规定：

1 水冷定频机组及风冷或蒸发冷却机组的性能系数(COP)不应低于表 4.2.10 的数值；

2 水冷变频离心式机组的性能系数(COP)不应低于表 4.2.10 中数值的 0.93 倍；

3 水冷变频螺杆式机组的性能系数(COP)不应低于表 4.2.10 中数值的 0.95 倍。

表 4.2.10　冷水(热泵)机组的制冷性能系数(COP)

类型		名义制冷量 CC(kW)	性能系数 COP(W/W)					
			严寒 A、B 区	严寒 C 区	温和地区	寒冷地区	夏热冬冷地区	夏热冬暖地区
水冷	活塞式/涡旋式	$CC \leqslant 528$	4.10	4.10	4.10	4.10	4.20	4.40
	螺杆式	$CC \leqslant 528$	4.60	4.70	4.70	4.70	4.80	4.90
		$528 < CC \leqslant 1163$	5.00	5.00	5.00	5.10	5.20	5.30
		$CC > 1163$	5.20	5.30	5.40	5.50	5.60	5.60
	离心式	$CC \leqslant 1163$	5.00	5.00	5.10	5.20	5.30	5.40
		$1163 < CC \leqslant 2110$	5.30	5.30	5.40	5.50	5.60	5.70
		$CC > 2110$	5.70	5.70	5.70	5.80	5.90	5.90
风冷或蒸发冷却	活塞式/涡旋式	$CC \leqslant 50$	2.60	2.60	2.60	2.60	2.70	2.80
		$CC > 50$	2.80	2.80	2.80	2.80	2.90	2.90
	螺杆式	$CC \leqslant 50$	2.70	2.70	2.70	2.80	2.90	2.90
		$CC > 50$	2.90	2.90	2.90	3.00	3.00	3.00

4.2.14 采用名义制冷量大于 7.1kW、电机驱动的单元式空气调节机、风管送风式和屋顶式空气调节机组时，其在名义制冷工况和规定条件下的能效比(EER)不应低于表 4.2.14 的数值。

表 4.2.14　单元式空气调节机、风管送风式和屋顶式空气调节机组能效比(EER)

类型		名义制冷量 CC(kW)	能效比 EER(W/W)					
			严寒 A、B 区	严寒 C 区	温和地区	寒冷地区	夏热冬冷地区	夏热冬暖地区
风冷	不接风管	$7.1 < C \leqslant 14.0$	2.70	2.70	2.70	2.75	2.80	2.85
		$CC > 14.0$	2.65	2.65	2.65	2.70	2.75	2.75
	接风管	$7.1 < CC \leqslant 14.0$	2.50	2.50	2.50	2.55	2.60	2.60
		$CC > 14.0$	2.45	2.45	2.45	2.50	2.55	2.55
水冷	不接风管	$7.1 < CC \leqslant 14.0$	3.40	3.45	3.45	3.50	3.55	3.55
		$CC > 14.0$	3.25	3.30	3.30	3.35	3.40	3.45
	接风管	$7.1 < CC \leqslant 14.0$	3.10	3.10	3.15	3.20	3.25	3.25
		$CC > 14.0$	3.00	3.00	3.05	3.10	3.15	3.20

4.2.17 采用多联式空调(热泵)机组时,其在名义制冷工况和规定条件下的制冷综合性能系数 **IPLV(C)** 不应低于表4.2.17的数值。

表4.2.17 多联式空调(热泵)机组制冷综合性能系数 **IPLV(C)**

名义制冷量 **CC(kW)**	制冷综合性能系数 **IPLV(C)**					
	严寒 A、B区	严寒 C区	温和 地区	寒冷 地区	夏热冬 冷地区	夏热冬 暖地区
CC≤28	3.80	3.85	3.85	3.90	4.00	4.00
28<**CC**≤84	3.75	3.80	3.80	3.85	3.95	3.95
CC>84	3.65	3.70	3.70	3.75	3.80	3.80

4.2.19 采用直燃型溴化锂吸收式冷(温)水机组时,其在名义工况和规定条件下的性能参数应符合表4.2.19的规定。

表4.2.19 直燃型溴化锂吸收式冷(温)水机组的性能参数

名义工况		性能参数	
冷(温)水进/出口温度(℃)	冷却水进/出口温度(℃)	性能系数(W/W)	
		制冷	供热
12/7(供冷)	30/35	≥1.20	—
—/60(供热)	—	—	≥0.90

4.5.2 锅炉房、换热机房和制冷机房应进行能量计量,能量计量应包括下列内容:
1 燃料的消耗量;
2 制冷机的耗电量;
3 集中供热系统的供热量;
4 补水量。
4.5.4 锅炉房和换热机房应设置供热量自动控制装置。
4.5.6 供暖空调系统应设置室温调控装置;散热器及辐射供暖系统应安装自动温度控制阀。

对于居住建筑,此条一方面应符合国家居住建筑节能设计标准中有关建筑与围护结构热工设计的强制性条文,分别为行业标准《严寒和寒冷地区居住建筑节能设计标准》JGJ 26-2010中的第4.1.3、4.1.4、4.2.2、4.2.6条;行业标准《夏热冬冷地区居住建筑节能设计标准》JGJ 134-2010中的第4.0.3、4.0.4、4.0.5、4.0.9条;行业标准《夏热冬暖地区居住建筑节能设计标准》JGJ 75-2012中的第4.0.4、4.0.5、4.0.6、4.0.7、4.0.8、4.0.10、4.0.13条,主要指标为围护结构传热系数和遮阳系数、窗墙面积比等。另一方面,还应符合上述标准中暖通空调节能设计的强制性条文,分别为行业标准《严寒和寒冷地区居住建筑节能设计标准》JGJ 26-2010中的第5.2.4、5.2.9、5.2.13、5.2.19、5.2.20条(这5条仅当自设锅炉房的住宅小区整体申报时考察)、5.3.3、5.4.3、5.4.8条(另有第5.1.1条不作考察,第5.1.6条在本标准的第5.1.2条中考察);行业标准《夏热冬冷地区居住建筑节能设计标准》JGJ 134-2010中的第6.0.2、

6.0.5、6.0.6、6.0.7条（第6.0.3条在本标准的第5.1.2条中考察）；行业标准《夏热冬暖地区居住建筑节能设计标准》JGJ 75-2012中的第6.0.2（其中逐时负荷计算内容不再考察）、6.0.4、6.0.5、6.0.8条（考虑到本标准的第5.1.4条涉及相关内容，故第6.0.13条不再考察）。

行业标准《严寒和寒冷地区居住建筑节能设计标准》JGJ 26-2010对应条文具体内容如下：

4.1.3 严寒和寒冷地区居住建筑的体形系数不应大于表4.1.3规定的限值。当体形系数大于表4.1.3规定的限值时，必须按照本标准第4.3节的要求进行围护结构热工性能的权衡判断。

表4.1.3 严寒和寒冷地区居住建筑的体形系数限值

	建筑层数			
	≤3层	(4~8) 层	(9~13) 层	≥14层
严寒地区	0.50	0.30	0.28	0.25
寒冷地区	0.52	0.33	0.30	0.26

4.1.4 严寒和寒冷地区居住建筑的窗墙面积比不应大于表4.1.4规定的限值。当窗墙面积比大于表4.1.4规定的限值时，必须按照本标准第4.3节的要求进行围护结构热工性能的权衡判断，并且在进行权衡判断时，各朝向的窗墙面积比最大也只能比表4.1.4中的对应值大0.1。

表4.1.4 严寒和寒冷地区居住建筑的窗墙面积比限值

朝向	窗墙面积比	
	严寒地区	寒冷地区
北	0.25	0.30
东、西	0.30	0.35
南	0.45	0.50

注：1 敞开式阳台的阳台门上部透明部分应计入窗户面积，下部不透明部分不应计入窗户面积。2 表中的窗墙面积比应按开间计算。表中的"北"代表从北偏东小于60°至北偏西小于60°的范围；"东、西"代表从东或西偏北小于等于30°至偏南小于60°的范围；"南"代表从南偏东小于等于30°至偏西小于等于30°的范围。

4.2.2 根据建筑物所处城市的气候分区区属不同，建筑围护结构的传热系数不应大于表4.2.2-1~表4.2.2-5规定的限值，周边地面和地下室外墙的保温材料层热阻不应小于表4.2.2-1~表4.2.2-5规定的限值，寒冷（B）区外窗综合遮阳系数不应大于表4.2.2-6规定的限值。当建筑围护结构的热工性能参数不满足上述规定时，必须按照本标准第4.3节的规定进行围护结构热工性能的权衡判断。

表 4.2.2-1 严寒（A）区围护结构热工性能参数限值

围护结构部位		传热系数 K[W/(m² · K)]		
		≤3 层建筑	(4～8) 层的建筑	≥9 层建筑
屋面		0.20	0.25	0.25
外墙		0.25	0.40	0.50
架空或外挑楼板		0.30	0.40	0.40
非采暖地下室顶板		0.35	0.45	0.45
分隔采暖与非采暖空间的隔墙		1.2	1.2	1.2
分隔采暖与非采暖空间的户门		1.5	1.5	1.5
阳台门下部门芯板		1.2	1.2	1.2
外窗	窗墙面积比≤0.2	2.0	2.5	2.5
	0.2＜窗墙面积比≤0.3	1.8	2.0	2.2
	0.3＜窗墙面积比≤0.4	1.6	1.8	2.0
	0.4＜窗墙面积比≤0.45	1.5	1.6	1.8
围护结构部位		保温材料层热阻 R[(m² · K)/W]		
周边地面		1.70	1.40	1.10
地下室外墙(与土壤接触的外墙)		1.80	1.50	1.20

表 4.2.2-2 严寒（B）区围护结构热工性能参数限值

围护结构部位		传热系数 K[W/(m² · K)]		
		≤3 层建筑	(4～8) 层的建筑	≥9 层建筑
屋面		0.25	0.30	0.30
外墙		0.30	0.45	0.55
架空或外挑楼板		0.30	0.45	0.45
非采暖地下室顶板		0.35	0.50	0.50
分隔采暖与非采暖空间的隔墙		1.2	1.2	1.2
分隔采暖与非采暖空间的户门		1.5	1.5	1.5
阳台门下部门芯板		1.2	1.2	1.2
外窗	窗墙面积比≤0.2	2.0	2.5	2.5
	0.2＜窗墙面积比≤0.3	1.8	2.2	2.2
	0.3＜窗墙面积比≤0.4	1.6	1.9	2.0
	0.4＜窗墙面积比≤0.45	1.5	1.7	1.8
围护结构部位		保温材料层热阻 R[(m² · K)/W]		
周边地面		1.40	1.10	0.83
地下室外墙(与土壤接触的外墙)		1.50	1.20	0.91

表 4.2.2-3 严寒(C)区围护结构热工性能参数限值

围护结构部位		传热系数 K[W/(m²·K)]		
		≤3层建筑	(4~8)层的建筑	≥9层建筑
屋面		0.30	0.40	0.40
外墙		0.35	0.50	0.60
架空或外挑楼板		0.35	0.50	0.50
非采暖地下室顶板		0.50	0.60	0.60
分隔采暖与非采暖空间的隔墙		1.5	1.5	1.5
分隔采暖与非采暖空间的户门		1.5	1.5	1.5
阳台门下部门芯板		1.2	1.2	1.2
外窗	窗墙面积比≤0.2	2.0	2.5	2.5
	0.2<窗墙面积比≤0.3	1.8	2.2	2.2
	0.3<窗墙面积比≤0.4	1.6	2.0	2.0
	0.4<窗墙面积比≤0.45	1.5	1.8	1.8
围护结构部位		保温材料层热阻 R[(m²·K)/W]		
周边地面		1.10	0.83	0.56
地下室外墙(与土壤接触的外墙)		1.20	0.91	0.61

表 4.2.2-4 寒冷(A)区围护结构热工性能参数限值

围护结构部位		传热系数 K[W/(m²·K)]		
		≤3层建筑	(4~8)层的建筑	≥9层建筑
屋面		0.35	0.45	0.45
外墙		0.45	0.60	0.70
架空或外挑楼板		0.45	0.60	0.60
非采暖地下室顶板		0.50	0.65	0.65
分隔采暖与非采暖空间的隔墙		1.5	1.5	1.5
分隔采暖与非采暖空间的户门		2.0	2.0	2.0
阳台门下部门芯板		1.7	1.7	1.7
外窗	窗墙面积比≤0.2	2.8	3.1	3.1
	0.2<窗墙面积比≤0.3	2.5	2.8	2.8
	0.3<窗墙面积比≤0.4	2.0	2.5	2.5
	0.4<窗墙面积比≤0.45	1.8	2.0	2.3
围护结构部位		保温材料层热阻 R[(m²·K)/W]		
周边地面		0.83	0.56	—
地下室外墙(与土壤接触的外墙)		0.91	0.61	—

5

表4.2.2-5 寒冷(B)区围护结构热工性能参数限值

围护结构部位		传热系数 $K[W/(m^2 \cdot K)]$		
		≤3层建筑	(4~8)层的建筑	≥9层建筑
屋面		0.35	0.45	0.45
外墙		0.45	0.60	0.70
架空或外挑楼板		0.45	0.60	0.60
非采暖地下室顶板		0.50	0.65	0.65
分隔采暖与非采暖空间的隔墙		1.5	1.5	1.5
分隔采暖与非采暖空间的户门		2.0	2.0	2.0
阳台门下部门芯板		1.7	1.7	1.7
外窗	窗墙面积比≤0.2	2.8	3.1	3.1
	0.2<窗墙面积比≤0.3	2.5	2.8	2.8
	0.3<窗墙面积比≤0.4	2.0	2.5	2.5
	0.4<窗墙面积比≤0.45	1.8	2.0	2.3
围护结构部位		保温材料层热阻 $R[(m^2 \cdot K)/W]$		
周边地面		0.83	0.56	—
地下室外墙(与土壤接触的外墙)		0.91	0.61	—

注：周边地面和地下室外墙的保温材料层不包括土壤和混凝土地面。

表4.2.2-6 寒冷（B）区外窗综合遮阳系数限值

围护结构部位		遮阳系数 SC（东、西向/南、北向）		
		≤3层建筑	(4~8)层的建筑	≥9层建筑
外窗	窗墙面积比≤0.2	—/—	—/—	—/—
	0.2<窗墙面积比≤0.3	—/—	—/—	—/—
	0.3<窗墙面积比≤0.4	0.45/—	0.45/—	0.45/—
	0.4<窗墙面积比≤0.5	0.35/—	0.35/—	0.35/—

4.2.6 外窗及敞开式阳台门应具有良好的密闭性能。严寒地区外窗及敞开式阳台门的气密性等级不应低于国家标准《建筑外门窗气密、水密、抗风压性能分级及检测方法》GB/T 7106-2008 中规定的6级。寒冷地区 1~6 层的外窗及敞开式阳台门的气密性等级不应低于国家标准《建筑外门窗气密、水密、抗风压性能分级及检测方法》GB/T 7106-2008 中规定的4级，7层及7层以上不应低于6级。

5.2.4 锅炉的选型，应与当地长期供应的燃料种类相适应。锅炉的设计效率不应低于表5.2.4中规定的数值。

表5.2.4 锅炉的最低设计效率（%）

锅炉类型、燃料种类及发热值			在下列锅炉容量（MW）下的设计效率（%）						
			0.7	1.4	2.8	4.2	7.0	14.0	>28.0
燃煤	烟煤	Ⅱ	—	—	73	74	78	79	80
		Ⅲ	—	—	74	76	78	80	82
	燃油、燃气		86	87	87	88	89	90	90

5.2.9 锅炉房和热力站的总管上，应设置计量总供热量的热量表（热量计量装置）。集中采暖系统中建筑物的热力入口处，必须设置楼前热量表，作为该建筑物采暖耗热量的热量结算点。

5.2.13 室外管网应进行严格的水力平衡计算。当室外管网通过阀门截流来进行阻力平衡时，各并联环路之间的压力损失差值，不应大于 15%。当室外管网水力平衡计算达不到上述要求时，应在热力站和建筑物热力入口处设置静态水力平衡阀。

5.2.19 当区域供热锅炉房设计采用自动监测与控制的运行方式时，应满足下列规定：

1 应通过计算机自动监测系统，全面、及时地了解锅炉的运行状况。

2 应随时测量室外的温度和整个热网的需求，按照预先设定的程序，通过调节投入燃料量实现锅炉供热量调节，满足整个热网的热量需求，保证供暖质量。

3 应通过锅炉系统热特性识别和工况优化分析程序，根据前几天的运行参数、室外温度，预测该时段的最佳工况。

4 应通过对锅炉运行参数的分析，作出及时判断。

5 应建立各种信息数据库，对运行过程中的各种信息数据进行分析，并应能够根据需要打印各类运行记录，储存历史数据。

6 锅炉房、热力站的动力用电、水泵用电和照明用电应分别计量。

5.2.20 对于未采用计算机进行自动监测与控制的锅炉房和换热站，应设置供热量控制装置。

5.3.3 集中采暖（集中空调）系统，必须设置住户分室（户）温度调节、控制装置及分户热计量（分户热分摊）的装置或设施。

5.4.3 当采用电机驱动压缩机的蒸气压缩循环冷水（热泵）机组或采用名义制冷量大于 7100W 的电机驱动压缩机单元式空气调节机作为住宅小区或整栋楼的冷热源机组时，所选用机组的能效比（性能系数）不应低于现行国家标准《公共建筑节能设计标准》GB 50189 中的规定值；当设计采用多联式空调（热泵）机组作为户式集中空调（采暖）机组时，所选用机组的制冷综合性能系数不应低于国家标准《多联式空调（热泵）机组能效限定值及能源效率等级》GB 21454-2008 中规定的第 3 级。

5.4.8 当选择土壤源热泵系统、浅层地下水源热泵系统、地表水（淡水、海水）源热泵系统、污水水源热泵系统作为居住区或户用空调（热泵）机组的冷热源时，严禁破坏、污染地下资源。

行业标准《夏热冬冷地区居住建筑节能设计标准》JGJ 134-2010 中对应条文具体内容如下：

4.0.3 夏热冬冷地区居住建筑的体形系数不应大于表 4.0.3 规定的限值。当体形系数大于表 4.0.3 规定的限值时，必须按照本标准第 5 章的要求进行建筑围护结构热工性能的综合判断。

表 4.0.3 夏热冬冷地区居住建筑的体形系数限值

建筑层数	≤3 层	(4~11) 层	≥12 层
建筑的体形系数	0.55	0.40	0.35

4.0.4 建筑围护结构各部分的传热系数不应大于表 4.0.4 规定的限值，热惰性指标应符合表 4.0.4 规定。当设计建筑的围护结构中的屋面、外墙、架空或外挑楼板、外窗不符合表 4.0.4 的规定时，必须按照本标准第 5 章的规定进行建筑围护结构热工性能的综合判断。

表 4.0.4 建筑围护结构各部分的传热系数 (K) 和热惰性指标 (D) 的限值

围护结构部位			传热系数 K[W/(m²·K)]	
			热惰性指标 D≤2.5	热惰性指标 D>2.5
体形系数 ≤0.40	屋面		0.8	1.0
	外墙		1.0	1.5
	底面接触室外空气的架空或外挑楼板		1.5	
	分户墙、楼板、楼梯间隔墙、外走廊隔板		2.0	
	户门		3.0(通往封闭空间)	
			2.0(通往非封闭空间或户外)	
	外窗(含阳台门透明部分)		应符合本标准表 4.0.5-1、表 4.0.5-2 的规定	
体形系数 >0.40	屋面		0.5	0.6
	外墙		0.8	1.0
	底面接触室外空气的架空或外挑楼板		1.0	
	分户墙、楼板、楼梯间隔墙、外走廊隔板		2.0	
	户门		3.0(通往封闭空间)	
			2.0(通往非封闭空间或户外)	
	外窗(含阳台门透明部分)		应符合本标准表 4.0.5-1、表 4.0.5-2 的规定	

4.0.5 不同朝向外窗(包括阳台门的透明部分)的窗墙面积比不应大于表 4.0.5-1 规定的限值。不同朝向、不同窗墙面积比的外窗传热系数不应大于表 4.0.5-2 规定的限值；综合遮阳系数应符合表 4.0.5-2 的规定。当外窗为凸窗时，凸窗的传热系数限值应比表 4.0.5-2 规定的限值小 10%；计算窗墙面积比时，凸窗的面积应按洞口面积计算。当设计建筑的窗墙面积比或传热系数、遮阳系数不符合表 4.0.5-1 和表 4.0.5-2 的规定时，必须按照本标准第 5 章的规定进行建筑围护结构热工性能的综合判断。

表 4.0.5-1 不同朝向外窗的窗墙面积比限值

朝向	窗墙面积比
北	0.40
东、西	0.35
南	0.45
每套房间允许一个房间(不分朝向)	0.60

表4.0.5-2 不同朝向、不同窗墙面积比的外窗传热系数和综合遮阳系数限值

建筑	窗墙面积比	传热系数 K [W/(m²·K)]	外窗综合遮阳系数 SC_w (东、西向/南向)
体形系数≤0.40	窗墙面积比≤0.20	4.7	－/－
	0.20＜窗墙面积比≤0.30	4	－/－
	0.30＜窗墙面积比≤0.40	3.2	夏季≤0.40/夏季≤0.45
	0.40＜窗墙面积比≤0.45	2.8	夏季≤0.35/夏季≤0.40
	0.45＜窗墙面积比≤0.60	2.5	东、西、南向设置外遮阳 夏季≤0.25冬季≥0.60
体形系数＞0.40	窗墙面积比≤0.20	4	－/－
	0.20＜窗墙面积比≤0.30	3.2	－/－
	0.30＜窗墙面积比≤0.40	2.8	夏季≤0.40/夏季≤0.45
	0.40＜窗墙面积比≤0.45	2.5	夏季≤0.35/夏季≤0.40
	0.45＜窗墙面积比≤0.60	0.3	东、西、南向设置外遮阳 夏季≤0.25冬季≥0.60

注：1 表中的"东、西"代表从东或西偏北30°(含30°)至偏南60°(含60°)的范围；"南"代表从南偏东30°至偏西30°的范围；2 楼梯间、外走廊的窗不按本表规定执行。

4.0.9 建筑物1～6层的外窗及敞开式阳台门的气密性等级，不应低于国家标准《建筑外门窗气密、水密、抗风压性能分级及检测方法》GB/T 7106－2008中规定的4级；7层及7层以上的外窗及敞开式阳台门的气密性等级，不应低于该标准规定的6级。

6.0.2 当居住建筑采用集中采暖、空调系统时，必须设置分室(户)温度调节、控制装置及分户热(冷)量计量或分摊设施。

6.0.5 当设计采用户式燃气采暖热水炉作为采暖热源时，其热效率应达到国家标准《家用燃气快速热水器和燃气采暖热水炉能效限定值及能效等级》GB 20665－2006中的第2级。

6.0.6 当设计采用电机驱动压缩机的蒸气压缩循环冷水(热泵)机组，或采用名义制冷量大于7100W的电机驱动压缩机单元式空气调节机，或采用蒸气、热水型溴化锂吸收式冷水机组及直燃型溴化锂吸收式冷(温)水机组作为住宅小区或整栋楼的冷热源机组时，所选用机组的能效比(性能系数)应符合现行国家标准《公共建筑节能设计标准》GB 50189中的规定值；当设计采用多联式空调(热泵)机组作为户式集中空调(采暖)机组时，所选用机组的制冷综合性能系数(IPLV(C))不应低于国家标准《多联式空调(热泵)机组能效限定值及能源效率等级》GB 21454－2008中规定的第3级。

6.0.7 当选择土壤源热泵系统、浅层地下水源热泵系统、地表水(淡水、海水)源热泵系统、污水水源热泵系统作为居住区或户用空调的冷热源时，严禁破坏、污染地下资源。

行业标准《夏热冬暖地区居住建筑节能设计标准》JGJ 75－2012中对应条文具体内容如下：

4.0.4 各朝向窗墙面积比，南、北向不应大于 0.4；东、西向不应大于 0.30。当设计建筑的外窗不符合上述规定时，其空调采暖年耗电指数(或耗电量)不应超过参照建筑的空调采暖年耗电指数(或耗电量)。

4.0.5 建筑的卧室、书房、起居室等主要房间的房间窗地面积比不应小于 1/7。当房间窗地面积比小于 1/5 时，外窗玻璃的可见光透射比不应小于 0.40。

4.0.6 居住建筑的天窗面积不应大于屋顶总面积的 4%，传热系数不应大于 4.0W/ $(m^2 \cdot K)$，遮阳系数不应大于 0.4。当设计建筑的天窗不符合上述规定时，其空调采暖年耗电指数（或耗电量）不应超过参照建筑的空调采暖年耗电指数（或耗电量）。

4.0.7 居住建筑屋顶和外墙的传热系数和热惰性指标应符合表 4.0.7 的规定。当设计建筑的南、北外墙不符合表 4.0.7 的规定时，其空调采暖年耗电指数（或耗电量）不应超过参照建筑的空调采暖年耗电指数（或耗电量）。

表 4.0.7 屋顶和外墙的传热系数 $K[W/(m^2 \cdot K)]$、热惰性指标 D

屋 顶	外 墙
$0.4 < K \leqslant 0.9$，$D \geqslant 2.5$	$2.0 < K \leqslant 2.5$，$D \geqslant 3.0$ 或 $1.5 < K \leqslant 2.0$，$D \geqslant 2.8$ 或 $0.7 < K \leqslant 1.5$，$D \geqslant 2.5$
$K \leqslant 0.4$	$K \leqslant 0.7$

注：1 $D < 2.5$ 的轻质屋顶和东、西墙，还应满足国家标准《民用建筑热工设计规范》GB 50176-93 所规定的隔热要求。2 外墙传热系数 K 和热惰性指标 D 中，$2.0 < K \leqslant 2.5$，$D \geqslant 3.0$ 这一档要求仅适用于南区。

4.0.8 居住建筑外窗的平均传热系数和平均综合遮阳系数应符合表 4.0.8-1 和表 4.0.8-2 的规定。当设计建筑的外窗不符合表 4.0.8-1 和表 4.0.8-2 的规定时，建筑的空调采暖年耗电指数（或耗电量）不应超过参照建筑的空调采暖年耗电指数（或耗电量）。

表 4.0.8-1 北区居住建筑建筑物外窗平均传热系数和平均综合遮阳系数限值

外墙平均指标	外窗平均传热系数 K $[W/(m^2 \cdot K)]$	外窗加权平均综合遮阳系数 S_W			
		平均窗地面积比 $C_{MF} \leqslant 0.25$ 或平均窗墙面积比 $C_{MW} \leqslant 0.25$	平均窗地面积比 $0.25 < C_{MF} \leqslant 0.30$ 或平均窗墙面积比 $0.25 < C_{MW} \leqslant 0.30$	平均窗地面积比 $0.30 < C_{MF} \leqslant 0.35$ 或平均窗墙面积比 $0.30 < C_{MW} \leqslant 0.35$	平均窗地面积比 $0.35 < C_{MF} \leqslant 0.40$ 或平均窗墙面积比 $0.35 < C_{MW} \leqslant 0.40$
$K \leqslant 2.0$ $D \geqslant 2.8$	4.0	$\leqslant 0.3$	$\leqslant 0.2$	—	—
	3.5	$\leqslant 0.5$	$\leqslant 0.3$	$\leqslant 0.2$	—
	3.0	$\leqslant 0.7$	$\leqslant 0.5$	$\leqslant 0.4$	$\leqslant 0.3$
	2.5	$\leqslant 0.8$	$\leqslant 0.6$	$\leqslant 0.6$	$\leqslant 0.4$
$K \leqslant 1.5$ $D \geqslant 2.5$	6.0	$\leqslant 0.6$	$\leqslant 0.3$	—	—
	5.5	$\leqslant 0.8$	$\leqslant 0.4$	—	—
	5.0	$\leqslant 0.9$	$\leqslant 0.6$	$\leqslant 0.3$	—
	4.5	$\leqslant 0.9$	$\leqslant 0.7$	$\leqslant 0.5$	$\leqslant 0.2$
	4.0	$\leqslant 0.9$	$\leqslant 0.8$	$\leqslant 0.6$	$\leqslant 0.4$
	3.5	$\leqslant 0.9$	$\leqslant 0.9$	$\leqslant 0.7$	$\leqslant 0.5$
	3.0	$\leqslant 0.9$	$\leqslant 0.9$	$\leqslant 0.8$	$\leqslant 0.6$
	2.5	$\leqslant 0.9$	$\leqslant 0.9$	$\leqslant 0.9$	$\leqslant 0.7$

续表 4.0.8-1

外墙平均指标	外窗平均传热系数 K $[W/(m^2 \cdot K)]$	外窗加权平均综合遮阳系数 S_W			
		平均窗地面积比 $C_{MF} \leqslant 0.25$ 或平均窗墙面积比 $C_{MW} \leqslant 0.25$	平均窗地面积比 $0.25 < C_{MF} \leqslant 0.30$ 或平均窗墙面积比 $0.25 < C_{MW} \leqslant 0.30$	平均窗地面积比 $0.30 < C_{MF} \leqslant 0.35$ 或平均窗墙面积比 $0.30 < C_{MW} \leqslant 0.35$	平均窗地面积比 $0.35 < C_{MF} \leqslant 0.40$ 或平均窗墙面积比 $0.35 < C_{MW} \leqslant 0.40$
$K \leqslant 1.0$ $D \geqslant 2.5$ 或 $K \leqslant 0.7$	6.0	$\leqslant 0.9$	$\leqslant 0.9$	$\leqslant 0.6$	$\leqslant 0.2$
	5.5	$\leqslant 0.9$	$\leqslant 0.9$	$\leqslant 0.7$	$\leqslant 0.4$
	5.0	$\leqslant 0.9$	$\leqslant 0.9$	$\leqslant 0.8$	$\leqslant 0.6$
	4.5	$\leqslant 0.9$	$\leqslant 0.9$	$\leqslant 0.8$	$\leqslant 0.7$
	4.0	$\leqslant 0.9$	$\leqslant 0.9$	$\leqslant 0.9$	$\leqslant 0.7$
	3.5	$\leqslant 0.9$	$\leqslant 0.9$	$\leqslant 0.9$	$\leqslant 0.8$

表 4.0.8-2 南区居住建筑建筑物外窗平均综合遮阳系数限值

外墙平均指标 $(\rho \leqslant 0.8)$	外窗的加权平均综合遮阳系数 S_W				
	平均窗地面积比 $C_{MF} \leqslant 0.25$ 或平均窗墙面积比 $C_{MW} \leqslant 0.25$	平均窗地面积比 $0.25 < C_{MF} \leqslant 0.30$ 或平均窗墙面积比 $0.25 < C_{MW} \leqslant 0.30$	平均窗地面积比 $0.30 < C_{MF} \leqslant 0.35$ 或平均窗墙面积比 $0.30 < C_{MW} \leqslant 0.35$	平均窗地面积比 $0.35 < C_{MF} \leqslant 0.40$ 或平均窗墙面积比 $0.35 < C_{MW} \leqslant 0.40$	平均窗地面积比 $0.40 < C_{MF} \leqslant 0.45$ 或平均窗墙面积比 $0.40 < C_{MW} \leqslant 0.45$
$K \leqslant 2.5$ $D \geqslant 3.0$	$\leqslant 0.5$	$\leqslant 0.4$	$\leqslant 0.3$	$\leqslant 0.2$	—
$K \leqslant 2.0$ $D \geqslant 2.8$	$\leqslant 0.6$	$\leqslant 0.5$	$\leqslant 0.4$	$\leqslant 0.3$	$\leqslant 0.2$
$K \leqslant 1.5$ $D \geqslant 2.5$	$\leqslant 0.8$	$\leqslant 0.7$	$\leqslant 0.6$	$\leqslant 0.5$	$\leqslant 0.4$
$K \leqslant 1.0$ $D \geqslant 2.5$ 或 $K \leqslant 0.7$	$\leqslant 0.9$	$\leqslant 0.8$	$\leqslant 0.7$	$\leqslant 0.6$	$\leqslant 0.5$

注：1 外窗包括阳台门。2 ρ 为外墙外表面的太阳辐射吸收系数。

4.0.10 居住建筑东西向外窗必须采取建筑外遮阳措施，建筑外遮阳系数 SD 不应大于 0.8。

4.0.13 房间外窗（包括阳台门）的通风开口面积不应小于房间地面面积的 10% 或外窗面积的 45%。

6.0.2 采用集中式空调（采暖）方式或户式（单元式）中央空调的住宅应进行逐时逐项冷负荷计算；采用集中式空调（采暖）方式的居住建筑，应设置分室（户）温度控制及分户冷（热）量计量设施。

6.0.4 设计采用电机驱动压缩机的蒸气压缩循环冷水（热泵）机组，或采用名义制冷量大于 7100W 的电机驱动压缩机单元式空气调节机，或采用蒸汽、热水型溴化锂吸收式冷水机组及直燃型溴化锂吸收式冷（温）水机组作为住宅小区或整栋楼的冷（热）源机组时，所选用机组的能效比（性能系数）应符合现行国家标准《公共建筑节能设计标准》GB 50189 中的规定值。

6.0.5 采用多联式空调（热泵）机组作为户式集中空调（采暖）机组时，所选用机组的制冷综合性能系数［IPLV（C）］不应低于现行国家标准《多联式空调（热泵）机组能效限定值及能源效率等级》GB 21454 中规定的第 3 级。

6.0.8 当选择土壤源热泵系统、浅层地下水源热泵系统、地表水（淡水、海水）源热泵系统、污水水源热泵系统作为居住区或户用空调（采暖）系统的冷热源时，应进行适宜性分析。

当地方建筑节能设计标准比国家相应热工分区的建筑节能设计标准要求高时，应符合地方建筑节能设计标准的要求。当地方建筑节能设计标准比国家相应热工分区的建筑节能设计标准要求低时，应符合建筑节能设计的国家标准、行业标准。

【具体评价方式】

本条适用于各类民用建筑的设计、运行评价。

设计评价：查阅建筑施工图及设计说明、建筑节能计算书，以及当地建筑节能审查相关文件。

运行评价：查阅建筑竣工图及设计说明、建筑节能计算书、当地建筑节能审查相关文件、节能工程验收记录、进场复验报告（保温材料、外窗、幕墙等），并现场核查。

对于仅按地方建筑节能设计标准进行设计的情况，尚应论证地方标准要求等同、等效或严于国家相关标准。

5.1.2 不应采用电直接加热设备作为供暖空调系统的供暖热源和空气加湿热源。

【条文说明扩展】

将高品位电能转换为低品位热能进行供暖和加湿，能源利用效率低，不符合我国合理利用能源、提高能源利用效率的基本国策。与本条相关的标准规定主要有：国家标准《民用建筑供暖通风与空气调节设计规范》GB 50736-2012 中第 5.5.1、8.1.2 条、国家标准《公共建筑节能设计标准》GB 50189-2015 中第 4.2.2、4.2.3 条、《严寒和寒冷地区居住建筑节能设计标准》JGJ 26-2010 中第 5.1.6 条、《夏热冬冷地区居住建筑节能设计标准》JGJ 134-2010 中第 6.0.3 条。这些条文均为必须严格执行的强制性条文。

国家标准《民用建筑供暖通风与空气调节设计规范》GB 50736-2012 中的具体内容如下：

5.5.1 除符合下列条件之一外，不得采用电加热供暖：

1 供电政策支持；

2 无集中供暖和燃气源，用煤或油等燃料的使用受到环保或消防严格限制的建筑；

3 以供冷为主，供暖负荷较小且无法利用热泵提供热源的建筑；

4 采用蓄热式电散热器、发热电缆在夜间低谷电进行蓄热，且不在用电高峰和平段时间启用的建筑；

5 由可再生能源发电设备供电，且其发电量能够满足自身电加热量需求的建筑。

8.1.2 除符合下列条件之一外，不得采用电直接加热设备作为空调系统的供暖热源和空气加湿热源：

1 以供冷为主、供暖负荷非常小，且无法利用热泵或其他方式提供供暖热源的建筑，当冬季电力供应充足、夜间可利用低谷电进行蓄热且电锅炉不在用电高峰和平段时间启用时；

2 无城市或区域集中供热，且采用燃气、用煤、油等燃料受到环保或消防严格限制的建筑；

3 利用可再生能源发电，且其发电量能够满足直接电热用量需求的建筑；

4 冬季无加湿用蒸汽源，且冬季室内相对湿度要求较高的建筑。

国家标准《公共建筑节能设计标准》GB 50189－2015 中的具体内容如下：

4.2.2 除符合下列条件之一外，不得采用电直接加热设备作为供暖热源：

1 电力供应充足，且电力需求侧管理鼓励用电时；

2 无城市或区域集中供热，采用燃气、煤、油等燃料受到环保或消防限制，且无法利用热泵提供供暖热源的建筑；

3 以供冷为主、供暖负荷非常小，且无法利用热泵或其他方式提供供暖热源的建筑；

4 以供冷为主、供暖负荷小，无法利用热泵或其他方式提供供暖热源，且可以利用低谷电进行蓄热且电锅炉不在用电高峰和平段时间启动的空调系统；

5 利用可再生能源发电，且其发电量能满足自身电加热用电量需求的建筑。

4.2.3 除符合下列条件之一外，不得采用电直接加热设备作为空气加湿热源：

1 电力供应充足，且电力需求侧管理鼓励用电时；

2 利用可再生能源发电，且其发电量能满足自身加湿用电量需求的建筑；

3 冬季无加湿用蒸汽源，且冬季室内相对湿度控制精度要求高的建筑。

行业标准《严寒和寒冷地区居住建筑节能设计标准》JGJ 26－2010 中的具体内容如下：

5.1.6 除当地电力充足和供电政策支持，或者建筑所在地无法利用其他形式的能源外，严寒和寒冷地区的居住建筑内，不应设计直接电热采暖。

行业标准《夏热冬冷地区居住建筑节能设计标准》JGJ 134－2010 中的具体内容如下：

6.0.3 除当地电力充足和供电政策支持、或者建筑所在地无法利用其他形式的能源外，夏热冬冷地区居住建筑不应设计直接电热采暖。

【具体评价方式】

本条适用于集中空调或供暖的各类民用建筑的设计、运行评价。

设计评价：查阅暖通专业施工图及设计说明。

运行评价：查阅暖通专业竣工图及设计说明，并现场核查。

5.1.3 冷热源、输配系统和照明等各部分能耗应进行独立分项计量。

【条文说明扩展】

《民用建筑节能条例》第十八条规定:"实行集中供热的建筑应当安装供热系统调控装置、用热计量装置和室内温度调控装置;公共建筑还应当安装用电分项计量装置。居住建筑安装的用热计量装置应当满足分户计量的要求。计量装置应当依法检定合格。"

能耗监测系统是通过在建筑物、建筑群内安装分项计量装置,实时采集能耗数据,并具有在线监测与动态分析功能的软件和硬件系统。分项计量系统一般由数据采集子系统、传输子系统和处理子系统组成。

住房和城乡建设部2008年发布的《国家机关办公建筑和大型公共建筑能耗监测系统分项能耗数据采集技术导则》中对国家机关办公建筑和大型公共建筑能耗监测系统的建设提出指导性做法。要求电量分为照明插座用电、空调用电、动力用电和特殊用电。其中,照明插座用电可包括照明和插座用电、走廊和应急照明用电、室外景观照明用电等子项;空调用电可包括冷热站用电、空调末端用电等子项;动力用电包括电梯用电、水泵用电、通风机用电等子项。其他类能耗(水耗量、燃气量、集中供热耗热量、集中供冷耗冷量等)则不分项。

同时发布的《国家机关办公建筑和大型公共建筑能耗监测系统楼宇分项计量设计安装技术导则》则进一步规定以下回路应设置分项计量表计:

(1) 变压器低压侧出线回路;

(2) 单独计量的外供电回路;

(3) 特殊区供电回路;

(4) 制冷机组主供电回路;

(5) 单独供电的冷热源系统附泵回路;

(6) 集中供电的分体空调回路;

(7) 照明插座主回路;

(8) 电梯回路;

(9) 其他应单独计量的用电回路。

一些地方,例如上海市发布了《大型公共建筑能耗监测系统工程技术规范》DG/TJ 08-2068-2009,对分项计量作了更为具体深入的规定。该规范中第4.3.1、4.3.2条给出了具体的建筑能耗分类分项。

4.3.1 建筑能耗数据按水、电、燃气、燃油、集中供热、集中供冷和其他(包括可再生能源等)分为8类,其中水、燃气、燃油及其他类能源可根据名称不同再进行一级子类区分,具体如表4.3.1所示。

表 4.3.1 建筑能耗数据分类

能耗分类	一级子类
水	饮用水
	生活用水
电	无
燃气	天然气
	人工煤气
	液化气

续表 4.3.1

能耗分类	一级子类
燃油	汽油
	煤油
	柴油
集中供热	无
集中供冷	无
可再生能源	太阳能系统
	地源热泵系统
	其他可再生能源系统
其他	其他

4.3.2 能耗数据分项

1 生活用水一级子类能耗宜分厨房餐厅和其他两个分项。

2 电类能耗宜按用途不同区分为 4 个分项，二级子项可根据需要灵活设置。具体见表 4.3.2 所示。

表 4.3.2 电耗数据分项

分项用途	分项名称	一级子项	二级子项
常规电耗	照明、插座系统电耗	室内照明与插座	—
		走廊和应急照明	—
		室外景观照明	—
	空调系统电耗	冷热站	冷水机组
			冷冻水泵
			冷却塔
			冷却水泵
			热水循环泵
			电锅炉
		空调末端	空调箱、新风机组
			风机盘管
	动力系统电耗	电梯	—
		水泵	—
特殊电耗	特殊电耗	电子信息机房	—
		洗衣房	—
		厨房餐厅	—
		游泳池	—
		健身房	—
		其他	—

5

【具体评价方式】

本条适用于各类公共建筑的设计、运行评价。

设计评价：查阅电气等相关专业施工图及设计说明、分项计量施工图。

运行评价：查阅电气等相关专业竣工图及设计说明、分项计量竣工图、分项计量能耗监测的数据记录，并现场核查。

5.1.4 各房间或场所的照明功率密度值不应高于现行国家标准《建筑照明设计标准》GB 50034 规定的现行值。

【条文说明扩展】

国家标准《建筑照明设计标准》GB 50034－2013 规定：

6.3.1 住宅建筑每户照明功率密度限值宜符合表 6.3.1 的规定。

表 6.3.1 住宅建筑每户照明功率密度限值

房间或场所	照度标准值（lx）	照明功率密度限值（W/m²）	
		现行值	目标值
起居室	100	≤6.0	≤5.0
卧室	75		
餐厅	150		
厨房	100		
卫生间	100		
职工宿舍	100	≤4.0	≤3.5
车库	30	≤2.0	≤1.8

6.3.2 图书馆建筑照明功率密度限值应符合表 6.3.2 的规定。

表 6.3.2 图书馆建筑照明功率密度限值

房间或场所	照度标准值（lx）	照明功率密度限值（W/m²）	
		现行值	目标值
一般阅览室、开放式阅览室	300	≤9.0	≤8.0
目录厅（室）、出纳室	300	≤11.0	≤10.0
多媒体阅览室	300	≤9.0	≤8.0
老年阅览室	500	≤15.0	≤13.5

6.3.3 办公建筑和其他类型建筑中具有办公用途场所的照明功率密度限值应符合表 6.3.3 的规定。

表 6.3.3 办公建筑和其他类型建筑中具有办公用途场所照明功率密度限值

房间或场所	照度标准值（lx）	照明功率密度限值（W/m²）	
		现行值	目标值
普通办公室	300	≤9.0	≤8.0
高档办公室、设计室	500	≤15.0	≤13.5
会议室	300	≤9.0	≤8.0
服务大厅	300	≤11.0	≤10.0

6.3.4 商店建筑照明功率密度限值应符合表 6.3.4 的规定。当商店营业厅、高档商店营业厅、专卖店营业厅需装设重点照明时，该营业厅的照明功率密度限值应允许增加 5W/m²。

表 6.3.4　商店建筑照明功率密度限值

房间或场所	照度标准值（lx）	照明功率密度限值（W/m²）	
		现行值	目标值
一般商店营业厅	300	≤10.0	≤9.0
高档商店营业厅	500	≤16.0	≤14.5
一般超市营业厅	300	≤11.0	≤10.0
高档超市营业厅	500	≤17.0	≤15.5
专卖店营业厅	300	≤11.0	≤10.0
仓储超市	300	≤11.0	≤10.0

6.3.5 旅馆建筑照明功率密度限值应符合表 6.3.5 的规定。

表 6.3.5　旅馆建筑照明功率密度限值

房间或场所	照度标准值（lx）	照明功率密度限值（W/m²）	
		现行值	目标值
客　房	—	≤7.0	≤6.0
中餐厅	200	≤9.0	≤8.0
西餐厅	150	≤6.5	≤5.5
多功能厅	300	≤13.5	≤12.0
客房层走廊	50	≤4.0	≤3.5
大　堂	200	≤9.0	≤8.0
会议室	300	≤9.0	≤8.0

6.3.6 医疗建筑照明功率密度限值应符合表 6.3.6 的规定。

表 6.3.6　医疗建筑照明功率密度限值

房间或场所	照度标准值（lx）	照明功率密度限值（W/m²）	
		现行值	目标值
治疗室、诊室	300	≤9.0	≤8.0
化验室	500	≤15.0	≤13.5
候诊室、挂号厅	200	≤6.5	≤5.5
病　房	100	≤5.0	≤4.5
护士站	300	≤9.0	≤8.0
药　房	500	≤15.0	≤13.5
走　廊	100	≤4.5	≤4.0

6.3.7 教育建筑照明功率密度限值应符合表 6.3.7 的规定。

表 6.3.7 教育建筑照明功率密度限值

房间或场所	照度标准值（lx）	照明功率密度限值（W/m²）	
		现行值	目标值
教室、阅览室	300	≤9.0	≤8.0
实验室	300	≤9.0	≤8.0
美术教室	500	≤15.0	≤13.5
多媒体教室	300	≤9.0	≤8.0
计算机教室、电子阅览室	500	≤15.0	≤13.5
学生宿舍	150	≤5.0	≤4.5

6.3.8 博览建筑照明功率密度限值应符合下列规定：

1 美术馆建筑照明功率密度限值应符合表 6.3.8-1 的规定；

2 科技馆建筑照明功率密度限值应符合表 6.3.8-2 的规定；

3 博物馆建筑其他场所照明功率密度限值应符合表 6.3.8-3 的规定。

表 6.3.8-1 美术馆建筑照明功率密度限值

房间或场所	照度标准值（lx）	照明功率密度限值（W/m²）	
		现行值	目标值
会议报告厅	300	≤9.0	≤8.0
美术品售卖区	300	≤9.0	≤8.0
公共大厅	200	≤9.0	≤8.0
绘画展厅	100	≤5.0	≤4.5
雕塑展厅	150	≤6.5	≤5.5

表 6.3.8-2 科技馆建筑照明功率密度限值

房间或场所	照度标准值（lx）	照明功率密度限值（W/m²）	
		现行值	目标值
科普教室	300	≤9.0	≤8.0
会议报告厅	300	≤9.0	≤8.0
纪念品售卖区	300	≤9.0	≤8.0
儿童乐园	300	≤10.0	≤8.0
公共大厅	200	≤9.0	≤8.0
常设展厅	200	≤9.0	≤8.0

表 6.3.8-3 博物馆建筑其他场所照明功率密度限值

房间或场所	照度标准值（lx）	照明功率密度限值（W/m²）	
		现行值	目标值
会议报告厅	300	≤9.0	≤8.0
美术制作室	500	≤15.0	≤13.5
编目室	300	≤9.0	≤8.0
藏品库房	75	≤4.0	≤3.5
藏品提看室	150	≤5.0	≤4.5

6.3.9 会展建筑照明功率密度限值应符合表 **6.3.9** 的规定。

表 6.3.9　会展建筑照明功率密度限值

房间或场所	照度标准值（lx）	照明功率密度限值（W/m²）	
		现行值	目标值
会议室、洽谈室	300	≤9.0	≤8.0
宴会厅、多功能厅	300	≤13.5	≤12.0
一般展厅	200	≤9.0	≤8.0
高档展厅	300	≤13.5	≤12.0

6.3.10 交通建筑照明功率密度限值应符合表 **6.3.10** 的规定。

表 6.3.10　交通建筑照明功率密度限值

房间或场所		照度标准值（lx）	照明功率密度限值（W/m²）	
			现行值	目标值
候车（机、船）室	普通	150	≤7.0	≤6.0
	高档	200	≤9.0	≤8.0
中央大厅、售票大厅		200	≤9.0	≤8.0
行李认领、到达大厅、出发大厅		200	≤9.0	≤8.0
地铁站厅	普通	100	≤5.0	≤4.5
	高档	200	≤9.0	≤8.0
地铁进出站门厅	普通	150	≤6.5	≤5.5
	高档	200	≤9.0	≤8.0

6.3.11 金融建筑照明功率密度限值应符合表 **6.3.11** 的规定。

表 6.3.11　金融建筑照明功率密度限值

房间或场所	照度标准值（lx）	照明功率密度限值（W/m²）	
		现行值	目标值
营业大厅	200	≤9.0	≤8.0
交易大厅	300	≤13.5	≤12.0

6.3.13 公共和工业建筑通用房间或场所照明功率密度不应大于表 6.3.13 规定的限值，但爆炸危险场所不受此限。

表 6.3.13　公共和工业建筑通用房间或场所照明功率密度限值

房间或场所		照度标准值（lx）	照明功率密度限制（W/m²）	
			现行值	目标值
走廊	一般	50	2.5	2.0
	高档	100	4.0	3.5
厕所	一般	75	3.5	3.0
	高档	150	6.0	5.0

续表 6.3.13

房间或场所		照度标准值（lx）	照明功率密度限制（W/m²）	
			现行值	目标值
试验室	一般	300	9.0	8.0
	精细	500	15.0	13.5
检验	一般	300	9.0	8.0
	精细，有颜色要求	750	23.0	21.0
计量室、测量室		500	15.0	13.5
控制室	一般控制室	300	9.0	8.0
	主控制室	500	15.0	13.5
电话站、网络中心、计算机站		500	15.0	13.5
动力站	风机房、空调机房	100	4.0	3.5
	泵房	100	4.0	3.5
	冷冻站	150	6.0	5.0
	压缩空气站	150	6.0	5.0
	锅炉房、煤气站的操作层	100	5.0	4.5
仓库	大件库	50	2.5	2.0
	一般件库	100	4.0	3.5
	半成品库	150	6.0	5.0
	精细件库	200	7.0	6.0
公共车库		50	2.5	2.0
车辆加油站		100	5.0	4.5

【具体评价方式】

本条适用于各类民用建筑的设计、运行评价。

设计评价：查阅电气施工图（需包含电气照明系统图、电气照明平面施工图）和设计说明（需包含照明设计要求、照明设计标准、照明控制原则等）、建筑照明功率密度的计算分析报告，审查照明密度功率值及其计算。

运行评价：查阅电气竣工图、灯具检测报告、建筑照明功率密度 LPD 的计算分析报告，审查照明密度功率值及其计算，并现场核查。

5.2 评 分 项

Ⅰ 建筑与围护结构

5.2.1 结合场地自然条件，对建筑的体形、朝向、楼距、窗墙比等进行优化设计，评价分值为 6 分。

【条文说明扩展】

建筑朝向选择的原则是冬季能获得足够的日照并避开冬季主导风向,夏季能利用自然通风并减少太阳辐射。建筑的朝向、体形、楼距、窗墙比等建筑总平面设计要考虑多方面的因素,会受到社会历史文化、地形、城市规划、道路、环境等条件的制约,但仍需权衡各因素之间的相互关系,通过多方面分析、优化建筑的规划设计,尽可能提高建筑物在夏季、过渡季节的自然通风效果,保证较理想的夏季防热和冬季保温。

与本条相关的标准规定具体如下:

国家标准《公共建筑节能设计标准》GB 50189-2015

3.1.3 建筑群的总体规划应考虑减轻热岛效应。建筑的总体规划和总平面设计应有利于自然通风和冬季日照。建筑的主朝向宜选择本地区最佳朝向或适宜朝向,且避开冬季主导风向。

3.1.4 建筑设计应遵循被动节能措施优先的原则,充分利用天然采光、自然通风,结合围护结构保温隔热和遮阳措施,降低建筑的用能需求。

3.2.6 建筑物立面朝向的划分应符合下列规定:

1 北向为北偏西60°至北偏东60°;

2 南向为南偏西30°至南偏东30°;

3 西向至西偏北30°至西偏南60°(包括西偏北30°和西偏南60°);

4 东向至东偏北30°至东偏南60°(包括东偏北30°和东偏南60°)。

行业标准《严寒和寒冷地区居住建筑节能设计标准》JGJ 26-2010

4.1.1 建筑群的总体布置,单体建筑的平面、立面设计和门窗的设置,应考虑冬季利用日照并避开冬季主导风向。

4.1.2 建筑物宜朝向南北或接近朝向南北。建筑物不宜设有三面外墙的房间,一个房间不宜在不同方向的墙面上设置两个或更多的窗。

行业标准《夏热冬冷地区居住建筑节能设计标准》JGJ 134-2010

4.0.1 建筑群的总体布置,单体建筑的平面、立面设计和门窗的设置应有利于自然通风。

4.0.2 建筑物宜朝向南北或接近朝向南北。

行业标准《夏热冬暖地区居住建筑节能设计标准》JGJ 75-2012

4.0.1 建筑群的总体规划应有利于自然通风和减轻热岛效应。建筑的平面、立面设计应有利于自然通风。

4.0.2 居住建筑的朝向宜采用南北向或接近南北向。

国家标准《城市居住区规划设计规范》GB 50180-93(2002年版)

5.0.2 住宅间距,应以满足日照要求为基础,综合考虑采光、通风、消防、防灾、管线埋设、视觉卫生等要求确定。

【具体评价方式】

本条适用于各类民用建筑的设计、运行评价。

对于居住建筑,如果建筑的体形简单、朝向接近正南正北,楼间距、窗墙比也满足标准要求，可直接得 6 分。否则，则应提供建筑的朝向、体形、楼距、窗墙比的优化设计，及是否满足相关标准要求的报告。

对于公共建筑，如果经过优化之后的建筑窗墙比都低于 0.5，本条直接得 6 分。否则，则应提供建筑的朝向、体形、楼距、窗墙比的优化设计，及是否满足相关标准要求的报告。

设计评价：查阅场地地形图、建筑总平面图等设计文件，建筑体形、朝向、楼距、窗墙比等的优化设计报告（包括节能设计目标、设计思路、设计效果及有关模拟分析报告），审查优化设计报告中体形系数、朝向、楼距、窗墙比的达标情况。

运行评价：查阅场地地形图、建筑总平面图等设计文件，建筑体形、朝向、楼距、窗墙比等的优化设计报告（包括节能设计目标、设计思路、设计效果及有关模拟分析报告），审查优化设计报告中体形系数、朝向、楼距、窗墙比的达标情况，并现场核查。

5.2.2　外窗、玻璃幕墙的可开启部分能使建筑获得良好的通风，评价总分值为 6 分，并按下列规则评分：

1　设玻璃幕墙且不设外窗的建筑，其玻璃幕墙透明部分可开启面积比例达到 5%，得 4 分；达到 10%，得 6 分。

2　设外窗且不设玻璃幕墙的建筑，外窗可开启面积比例达到 30%，得 4 分；达到 35%，得 6 分。

3　设玻璃幕墙和外窗的建筑，对其玻璃幕墙透明部分和外窗分别按本条第 1 款和第 2 款进行评价，得分取两项得分的平均值。

【条文说明扩展】

外窗和玻璃幕墙保证必需的可开启面积，可确保建筑物在过渡季节、夏季的自然通风，避免出现完全依靠机械通风的封闭式建筑。

与本条文相关的标准规定如下：

国家标准《住宅建筑规范》GB 50368-2005

7.2.4　**住宅应能自然通风，每套住宅的通风开口面积不应小于地面面积的 5%。**

《公共建筑节能设计标准》GB 50189-2015

3.2.8　单一立面外窗（包括透光幕墙）开启扇的有效通风换气面积应满足以下规定：

1　甲类公共建筑外窗（包括透光幕墙）应设可开启窗扇，其有效通风换气面积不宜小于所在房间外墙面积的 10%；当透光幕墙受条件限制无法设置可开启窗扇时，应设置通风换气装置；

2　乙类建筑外窗有效通风换气面积不宜小于窗面积的 30%；

3　高度在 100m 以上的建筑，当建筑在 100m 以上的部分外窗开启受限时，可在建筑 100m 以下部分开启较大面积，满足第 1 款要求。

3.2.9　外窗（包括透光幕墙）的有效通风换气面积应为开启扇面积和窗开启后的空气流通界面面积的较小值。

《夏热冬冷地区居住建筑节能设计标准》JGJ 134-2010

4.0.8 外窗可开启面积（含阳台门面积）不应小于外窗所在房间地面面积的5%。多层住宅外窗宜采用平开窗。

《夏热冬暖地区居住建筑节能设计标准》JGJ 75-2012

4.0.13 外窗（包含阳台门）的通风开口面积不应小于房间地面面积的**10%**或外窗面积的**45%**。

【具体评价方式】

本条适用于各类民用建筑的设计、运行评价。有严格的室内温湿度要求、不宜进行自然通风的建筑或房间（如展览历史文物、特殊艺术品及其他对室内温湿度有严格要求如≤±2℃或者恒温恒湿的展馆，实验室等），此部分面积可不计入。当建筑层数大于18层时，18层以上部分不参评，仅对其第18层及以下各层的外窗和玻璃幕墙可开启面积比例进行评价。

本条评价时，应按单栋建筑整体计算其可开启面积比例。为简单起见，可将玻璃幕墙活动窗扇的面积认定为可开启面积，而不再计算实际的或当量的可开启面积。

设计评价：查阅建筑平面图、立面图、门窗表、幕墙图纸，主要审查各外窗、幕墙开启方式、种类、面积与数目；查阅外窗、幕墙可开启面积比例计算书，主要审查比例计算方式是否正确以及计算结果是否达标。

运行评价：查阅建筑平面图、立面图、门窗表、幕墙图纸，主要审查各外窗、幕墙开启方式、种类、面积与数目；查阅外窗、幕墙可开启面积比例计算书，主要审查比例计算方式是否正确以及计算结果是否达标；现场核实，主要审查项目的外窗与幕墙是否与达标的设计图纸保持一致。

5.2.3 围护结构热工性能指标优于国家现行相关建筑节能设计标准的规定，评价总分值为10分，并按下列规则评分：

1 围护结构热工性能比国家现行相关建筑节能设计标准规定的提高幅度达到5%，得5分；达到10%，得10分。

2 供暖空调全年计算负荷降低幅度达到5%，得5分；达到10%，得10分。

【条文说明扩展】

本条的评分，可选择按第1款或第2款进行。

对于第1款，要求外墙、屋顶、外窗、幕墙等围护结构主要部位的传热系数 K、外窗/幕墙的遮阳系数 SC（居住建筑）或太阳得热系数 SHGC（公共建筑）低于国家现行相关建筑节能设计标准的要求。在不同窗墙比情况下，节能设计标准对于透明围护结构的传热系数和遮阳系数数值要求是不一样的，需要在此基础上作有针对性的改善。具体来说，要求传热系数 K、遮阳系数 SC、太阳得热系数 SHGC 比标准要求的数值均降低5%得5分，均降低10%得10分。对于夏热冬暖地区，应重点比较透明围护结构遮阳系数（居住建筑）或太阳得热系数（公共建筑）的降低，传热系数不作进一步降低的要求。对于严寒地区，应重点比较不透明围护结构传热系数的降低，遮阳系数和太阳得热系数不作进一步降低的要求。当地方建筑节能设计标准高于国家现行建筑节能设计标准时，仍应以国家现行节能设计标准作为基准来判断。

考虑到目前的各节能设计标准对相关指标都有强制性条文约束，基本性能已经得到了保证；在此基础上，绿色建筑评价时可进一步对其中几项主要内容提高要求，抓好主要矛盾。本条评价中，可只考虑外墙、屋面的传热系数，外窗/幕墙的传热系数、遮阳系数（居住建筑）或太阳得热系数（公共建筑），其他诸如外挑楼板，非供暖房间的隔墙与楼板，以及周边地面的保温材料热阻，不在本条控制范围之内。为了方便比较，附录 B 列出了不同气候区居住和公共建筑围护结构热工性能更优的指标要求表。

对于公共建筑，与本条相关的标准主要是指国家标准《公共建筑节能设计标准》GB 50189-2015，主要指标包括围护结构传热系数、太阳得热系数等，相关条文包括第 3.3.1、3.3.2 条。国家标准《公共建筑节能设计标准》GB 50189-2015 与其 2005 年版相比，变化较大的是外窗/幕墙的太阳得热系数（SHGC），本条评价时应作相应变化。太阳得热系数（SHGC，solar heat gain coefficient）又称太阳光总透射比（total solar energy transmittance），是指通过玻璃、门窗或玻璃幕墙成为室内得热量的太阳辐射部分与投射到玻璃、门窗或玻璃幕墙构件上的太阳辐射照度的比值。本次标准修订将太阳得热系数作为衡量玻璃、门窗或玻璃幕墙热工性能的参数，因为人们最关心的是太阳辐射进入室内的部分，而不是被构件遮挡的部分。太阳得热系数 SHGC 不同于遮阳系数 SC。遮阳系数 SC 是指透进玻璃、门窗、玻璃幕墙及其遮阳设施的太阳辐射得热量，与相同条件下透进相同面积的标准玻璃（3mm 厚的透明玻璃）的太阳辐射得热量的比值。3mm 厚玻璃的太阳光总透射比理论值为 0.87。

对于居住建筑，与本条相关的标准规定主要是指行业标准《严寒和寒冷地区居住建筑节能设计标准》JGJ 26-2010、《夏热冬冷地区居住建筑节能设计标准》JGJ 134-2010、《夏热冬暖地区居住建筑节能设计标准》JGJ 75-2012 中强制性条文，主要指标包括围护结构传热系数、遮阳系数等。具体而言，包括行业标准《严寒和寒冷地区居住建筑节能设计标准》JGJ 26-2010 第 4.2.2 条、《夏热冬冷地区居住建筑节能设计标准》JGJ 134-2010 第 4.0.4、4.0.5 条、《夏热冬暖地区居住建筑节能设计标准》JGJ 75-2012 第 4.0.7、4.0.8 条。

本条第 2 款的判定比较复杂，需要基于两个算例的建筑供暖空调全年计算负荷进行判定。两个算例仅考虑建筑围护结构本身的不同性能，供暖空调系统的类型、设备系统的运行状态等按常规形式考虑即可。所谓"建筑供暖空调全年计算负荷"系指供暖空调系统全年需要提供的总热量和总冷量，不是设备的功率。本款所指的供暖空调全年计算负荷，是指由建筑围护结构传热和太阳辐射形成的供暖空调负荷。对于空调冷负荷，主要是指围护结构冷负荷（包括传热得热冷负荷和太阳辐射冷负荷），不包括室内冷负荷、新风冷负荷等；对于空调/供暖热负荷，主要是指围护结构传热耗热量（包括基本耗热量和附加耗热量），并考虑太阳辐射得热量，但不包括冷风渗透和侵入耗热量、通风耗热量等。第一个算例取国家或行业建筑节能设计标准规定的建筑围护结构的热工性能参数，第二个算例取实际设计的建筑围护结构的热工性能参数，但需注意两个算例所采用的暖通空调系统形式一致，然后比较两者的全年计算负荷差异。

【具体评价方式】

本条适用于各类民用建筑的设计、运行评价。

设计评价：查阅建筑施工图及设计说明、围护结构施工详图、围护结构热工性能参数表、当地建筑节能审查相关文件；或审查供暖空调全年计算负荷报告。

运行评价：查阅建筑竣工图、围护结构竣工详图、围护结构热工性能参数表、当地建筑节能审查相关文件、节能工程验收记录、进场复验报告，并现场核查；或审查供暖空调全年计算负荷报告，同时查阅基于实测数据的供暖供热量、空调供冷量，并现场核查。

Ⅱ 供暖、通风与空调

5.2.4 供暖空调系统的冷、热源机组能效均优于现行国家标准《公共建筑节能设计标准》GB 50189 的规定以及现行有关国家标准能效限定值的要求，评价分值为 6 分。对电机驱动的蒸气压缩循环冷水（热泵）机组，直燃型和蒸汽型溴化锂吸收式冷（温）水机组，单元式空气调节机、风管送风式和屋顶式空调机组，多联式空调（热泵）机组，燃煤、燃油和燃气锅炉，其能效指标比现行国家标准《公共建筑节能设计标准》GB 50189 规定值的提高或降低幅度满足表 5.2.4 的要求；对房间空气调节器和家用燃气热水炉，其能效等级满足现行有关国家标准的节能评价值要求。

表 5.2.4 冷、热源机组能效指标比现行国家标准
《公共建筑节能设计标准》的提高或降低幅度

机组类型		能效指标	提高或降低幅度
电机驱动的蒸气压缩循环冷水（热泵）机组		制冷性能系数（COP）	提高 6%
溴化锂吸收式冷（温）水机组	直燃型	制冷、供热性能系数（COP）	提高 6%
	蒸汽型	单位制冷量蒸汽耗量	降低 6%
单元式空气调节机、风管送风式和屋顶式空调机组		能效比（EER）	提高 6%
多联式空调（热泵）机组		制冷综合性能系数（IPLV(C)）	提高 8%
锅炉	燃煤	热效率	提高 3 个百分点
	燃油燃气	热效率	提高 2 个百分点

【条文说明扩展】

国家标准《公共建筑节能设计标准》GB 50189-2015 相关条文（均为强制性条文）包括：

4.2.5 在名义工况和规定条件下，锅炉的热效率不应低于表 4.2.5 的数值。

表 4.2.5 锅炉的热效率（%）

锅炉类型及燃料种类		锅炉额定蒸发量 D（t/h）/额定热功率 Q（MW）					
		$D<1$ / $Q<0.7$	$1{\leqslant}D{\leqslant}2$ / $0.7{\leqslant}Q{\leqslant}1.4$	$2<D{\leqslant}6$ / $1.4<Q{\leqslant}4.2$	$6{\leqslant}D{\leqslant}8$ / $4.2{\leqslant}Q{\leqslant}5.6$	$8<D{\leqslant}20$ / $5.6<Q{\leqslant}14.0$	$D>20$ / $Q>14.0$
燃油燃气锅炉	重油	86	88				
	轻油	88	90				
	燃气	88	90				
层状燃烧锅炉		75	78	80		81	82
抛煤机链条炉排锅炉	Ⅲ类烟煤	—	—	—	82		83
流化床燃烧锅炉		—	—	—	84		

4.2.10 采用电机驱动的蒸气压缩循环冷水（热泵）机组时，其在名义制冷工况和规定条件下，其的性能系数（COP）应符合下列规定：

1 水冷定频机组及风冷或蒸发冷却机组的性能系数（COP）不应低于表 4.2.10 的数值；

2 水冷变频离心式机组的性能系数（COP）不应低于表 4.2.10 中数值的 0.93 倍；

3 水冷变频螺杆式机组的性能系数（COP）不应低于表 4.2.10 中数值的 0.95 倍。

表 4.2.10 冷水（热泵）机组的制冷性能系数（COP）

类型		名义制冷量 CC（kW）	性能系数 COP（W/W）					
			严寒 A、B 区	严寒 C 区	温和地区	寒冷地区	夏热冬冷地区	夏热冬暖地区
水冷	活塞式/涡旋式	$CC{\leqslant}528$	4.10	4.10	4.10	4.10	4.20	4.40
	螺杆式	$CC{\leqslant}528$	4.60	4.70	4.70	4.70	4.80	4.90
		$528<CC{\leqslant}1163$	5.00	5.00	5.00	5.10	5.20	5.30
		$CC>1163$	5.20	5.30	5.40	5.50	5.60	5.60
	离心式	$CC{\leqslant}1163$	5.00	5.00	5.10	5.20	5.30	5.40
		$1163<CC{\leqslant}2110$	5.30	5.40	5.40	5.50	5.60	5.70
		$CC>2110$	5.70	5.70	5.70	5.80	5.90	5.90
风冷或蒸发冷却	活塞式/涡旋式	$CC{\leqslant}50$	2.60	2.60	2.60	2.60	2.70	2.80
		$CC>50$	2.80	2.80	2.80	2.80	2.90	2.90
	螺杆式	$CC{\leqslant}50$	2.70	2.70	2.70	2.80	2.90	2.90
		$CC>50$	2.90	2.90	2.90	3.00	3.00	3.00

4.2.14 采用名义制冷量大于 7.1kW、电机驱动的单元式空气调节机、风管送风式和屋顶式空气调节机组时，其在名义制冷工况和规定条件下的，其能效比（EER）不应低于表 4.2.14 的数值。

表 4.2.14　单元式空气调节机、风管送风式和屋顶式空气调节机组能效比 (*EER*)

类型		名义制冷量 *CC* (kW)	能效比 *EER* (W/W)					
			严寒 A、B 区	严寒 C 区	温和 地区	寒冷 地区	夏热冬 冷地区	夏热冬 暖地区
风冷	不接风管	7.1<*CC*≤14.0	2.70	2.70	2.70	2.75	2.80	2.85
		CC>14.0	2.65	2.65	2.65	2.70	2.75	2.75
	接风管	7.1<*CC*≤14.0	2.50	2.50	2.50	2.55	2.60	2.60
		CC>14.0	2.45	2.45	2.45	2.50	2.55	2.55
水冷	不接风管	7.1<*CC*≤14.0	3.40	3.45	3.45	3.50	3.55	3.55
		CC>14.0	3.25	3.30	3.30	3.35	3.40	3.45
	接风管	7.1<*CC*≤14.0	3.10	3.10	3.15	3.20	3.20	3.25
		CC>14.0	3.00	3.00	3.05	3.10	3.15	3.20

4.2.17　采用多联式空调（热泵）机组时，其在名义制冷工况和规定条件下，其的制冷综合性能系数 *IPLV* (C) 不应低于表 4.2.17 的数值。

表 4.2.17　多联式空调（热泵）机组制冷综合性能系数 *IPLV* (C)

名义制冷量 *CC* (kW)	制冷综合性能系数 *IPLV* (C)					
	严寒 A、B 区	严寒 C 区	温和 地区	寒冷 地区	夏热冬 冷地区	夏热冬 暖地区
CC≤28	3.80	3.85	3.85	3.90	4.00	4.00
28<*CC*≤84	3.75	3.80	3.80	3.85	3.95	3.95
CC>84	3.65	3.70	3.70	3.75	3.80	3.80

4.2.19　直燃型溴化锂吸收式冷（温）水机组，在名义工况和规定条件下，的其性能参数应符合表 4.2.19 的规定。

表 4.2.19　直燃型溴化锂吸收式冷（温）水机组的性能参数

名义工况		性能参数	
		性能系数 (W/W)	
冷（温）水进/出口温度（℃）	冷却水进/出口温度（℃）	制冷	供热
12/7（供冷）	30/35	≥1.20	—
—/60（供热）	—	—	≥0.90

　　为了方便比较，附录 C 列出了空调系统的不同类型冷源机组能效指标更优的要求表格。与冷水或空调机组的能效指标提高幅度为百分数不同的是，锅炉能效指标提高幅度为百分点。举例而言，前者情况下，当机组 COP 值达到标准规定值的 1.06 倍时，视为满足要求；后者情况下，当标准规定值为 80% 的燃煤锅炉热效率，进一步达到 83%，视为满足要求。

　　采用分散式房间空调器时，选用符合国家标准《房间空气调节器能效限定值及能源效率等级》GB 12021.3 和《转速可控型房间空气调节器能效限定值及能源效率等级》GB

21455 中规定的节能型产品，即房间空调器采用表 5-1 中能效等级的 2 级；转速可控型房间空气调节器采用表 5-2 中的 2 级。

表 5-1 分散式房间空调器能源效率等级指标

类型	额定制冷量（CC）/W	能效等级		
		1	2	3
整体式		3.30	3.10	2.90
分体式	$CC \leqslant 4500$	3.60	3.40	3.20
	$4500 < CC \leqslant 7100$	3.50	3.30	3.10
	$7100 < CC \leqslant 14000$	3.40	3.20	3.00

表 5-2 转速可控型房间空气调节器能源效率等级指标

类型	额定制冷量（CC）/W	能源效率等级（SEER）				
		5	4	3	2	1
分体式	$CC \leqslant 4500$	3.00	3.40	3.90	4.50	5.20
	$4500 < CC \leqslant 7100$	2.90	3.20	3.60	4.10	4.70
	$7100 < CC \leqslant 14000$	2.80	3.00	3.30	3.70	4.20

【具体评价方式】

本条适用于空调或供暖的各类民用建筑的设计、运行评价。对城市市政热源，不对其热源机组能效进行评价。用户（住户）自行选择空调供暖系统、设备的，本条不参评。若冷热源机组位于由第三方建设和管理的集中能源站内，本条不参评。

对于国家标准《公共建筑节能设计标准》GB 50189 中暂未规定的其他类型冷热源，可按现行有关国家标准的节能评价值来要求；没有能效标准规定的，可不参评。

设计评价：查阅暖通空调专业施工图及设计说明，审查冷、热源机组能效指标。

运行评价：查阅暖通空调专业竣工图、冷热源机组产品说明、产品型式检验报告、运行记录等，审查冷、热源机组能效指标，并现场核查。

5.2.5 集中供暖系统热水循环泵的耗电输热比和通风空调系统风机的单位风量耗功率符合现行国家标准《公共建筑节能设计标准》GB 50189 等的有关规定，且空调冷热水系统循环水泵的耗电输冷（热）比比现行国家标准《民用建筑供暖通风与空气调节设计规范》GB 50736 规定值低 20%，评价分值为 6 分。

【条文说明扩展】

国家标准《公共建筑节能设计标准》GB 50189-2015 相关条文包括：

4.3.3 在选配集中供暖系统的循环水泵时，应计算集中供暖系统耗电输热比（EHR—h），并应标注在施工图的设计说明中。集中供暖系统耗电输热比应按下式计算：

$$EHR-h = 0.003096 \sum (G \times H / \eta_b) / Q \leqslant A(B + \alpha \sum L) / \Delta T \qquad (4.3.3)$$

式中：$EHR-h$——集中供暖系统耗电输热比；

G——每台运行水泵的设计流量（m^3/h）；

H ——每台运行水泵对应的设计扬程（m）；

η_b ——每台运行水泵对应的设计工作点效率；

Q ——设计热负荷（kW）；

ΔT ——设计供回水温差（℃）；

A ——与水泵流量有关的计算系数，按本规范表4.3.9-2选取；

B ——与机房及用户的水阻力有关的计算系数，一级泵系统时B取17，二级泵系统时B取21；

ΣL ——热力站至供暖末端（散热器或辐射供暖分集水器）供回水管道的总长度（m）；

α ——与ΣL有关的计算系数；

当$\Sigma L \leqslant 400$m 时，$\alpha = 0.0115$；

当400m$< \Sigma L < 1000$m 时，$\alpha = 0.003833 + 3.067 / \Sigma L$；

当$\Sigma L \geqslant 1000$m 时，$\alpha = 0.0069$。

4.3.22 空调风系统和通风系统的风量大于10000m³/h时，风道系统单位风量耗功率（W_s）不宜大于表4.3.22的数值。风道系统单位风量耗功率（W_s）应按下式计算：

$$W_s = P / (3600 \times \eta_{CD} \times \eta_F) \qquad (4.3.22)$$

式中 W_s ——风道系统单位风量耗功率［W/（m³/h）］；

P ——空调机组的余压或通风系统风机的风压（Pa）；

η_{CD} ——电机及传动效率（%），η_{CD}取0.855；

η_F ——风机效率（%），按设计图中标注的效率选择。

表4.3.22 风道系统单位风量耗功率W_s［W/（m³/h）］

系统形式	W_s限值
机械通风系统	0.27
新风系统	0.24
办公建筑定风量系统	0.27
办公建筑变风量系统	0.29
商业、酒店建筑全空气系统	0.30

空调冷热水系统循环水泵的耗电输冷（热）比，则要求比《民用建筑供暖通风与空气调节设计规范》GB 50736-2012的要求低20%以上。其规定具体是：

8.5.12 在选配空调冷热水系统的循环水泵时，应计算循环水泵的耗电输冷（热）比$EC(H)R$，并应标注在施工图的设计说明中。耗电输冷（热）比应符合下式要求：

$$EC(H)R = 0.003096 \Sigma (G \cdot H / \eta_b) / \Sigma Q \leqslant A(B + a \Sigma L) / \Delta T$$

式中：$EC(H)R$ ——循环水泵的耗电输冷（热）比；

G ——每台运行水泵的设计流量，m³/h；

H ——每台运行水泵对应的设计扬程，m；

η_b ——每台运行水泵对应设计工作点的效率；

Q ——设计冷（热）负荷，kW；

ΔT ——规定的计算供回水温差，按表8.5.12-1选取；

A——与水泵流量有关的计算系数，按表8.5.12-2选取；

B——与机房及用户的水阻力有关的计算系数，按表8.5.12-3选取；

a——与$\sum L$有关的计算系数，按表8.5.12-4或表8.5.12-5选取；

$\sum L$——从冷热机房至该系统最远用户的供回水管道的总输送长度，m；当管道设于大面积单层或多层建筑时，可按机房出口至最远端空调末端的管道长度减去100m确定。

表8.5.12-1　ΔT值（℃）

冷水系统	热水系统			
	严寒	寒冷	夏热冬冷	夏热冬暖
5	15	15	10	5

注：1. 对空气源热泵、溴化锂机组、水源热泵等机组的热水供回水温差按机组实际参数确定；

　　2. 对直接提供高温冷水的机组，冷水供回水温差按机组实际参数确定。

表8.5.12-2　A值

设计水泵流量G	$G \leqslant 60\text{m}^3/\text{h}$	$60\text{m}^3/\text{h} < G \leqslant 200\text{m}^3/\text{h}$	$G > 200\text{m}^3/\text{h}$
A值	0.004225	0.003858	0.003749

注：多台水泵并联运行时，流量按较大流量选取。

表8.5.12-3　B值

系统组成		四管制单冷、单热管道	二管制热水管道
一级泵	冷水系统	28	—
	热水系统	22	21
二级泵	冷水系统[1]	33	—
	热水系统[2]	27	25

1）多级泵冷水系统，每增加一级泵，B值可增加5；

2）多级泵热水系统，每增加一级泵，B值可增加4。

表8.5.12-4　四管制冷、热水管道系统的a值

系统	管道长度$\sum L$范围（m）		
	$\leqslant 400$	$400 < \sum L < 1000$	$\geqslant 1000$
冷水	$\alpha = 0.02$	$\alpha = 0.016 + 1.6/\sum L$	$\alpha = 0.013 + 4.6/\sum L$
热水	$\alpha = 0.014$	$\alpha = 0.0125 + 0.6/\sum L$	$\alpha = 0.009 + 4.1/\sum L$

表8.5.12-5　两管制热水管道系统的a值

系统	地区	管道长度$\sum L$范围（m）		
		$\leqslant 400$	$400 < \sum L < 1000$	$\sum L \geqslant 1000$
热水	严寒	$\alpha = 0.009$	$\alpha = 0.0072 + 0.72/\sum L$	$\alpha = 0.0059 + 2.02/\sum L$
	寒冷	$\alpha = 0.0024$	$\alpha = 0.002 + 0.16/\sum L$	$\alpha = 0.0016 + 0.56/\sum L$
	夏热冬冷			
	夏热冬暖	$\alpha = 0.0032$	$\alpha = 0.0026 + 0.24/\sum L$	$\alpha = 0.0021 + 0.74/\sum L$

注：两管制冷水系统α计算式与表8.5.13-4四管制冷水系统相同。

【具体评价方式】

本条适用于集中空调和（或）供暖的各类民用建筑的设计、运行评价。

对于无集中供暖系统仅配置集中空调系统的建筑，通风空调系统的单位风量耗功率、空调冷热水系统循环水泵的耗电输冷（热）比满足本条要求，也可得6分；同理，对于仅有集中采暖的建筑，集中采暖的供暖系统热水循环泵耗电输热比满足本条对应要求，也可得6分。

设计评价：查阅暖通空调专业施工图及设计说明，风机的单位风量耗功率、空调冷热水系统的耗电输冷（热）比、集中供暖系统热水循环泵的耗电输热比计算书。

运行评价：查阅暖通空调专业竣工图，产品型式检验报告，风机的单位风量耗功率、空调冷热水系统的耗电输冷（热）比、集中供暖系统热水循环泵的耗电输热比计算书或测试记录，系统运行记录等，并现场核查。

5.2.6 合理选择和优化供暖、通风与空调系统，评价总分值为10分，根据系统能耗的降低幅度按表5.2.6的规则评分。

表 5.2.6　供暖、通风与空调系统能耗降低幅度评分规则

供暖、通风与空调系统能耗降低幅度 D_e	得分
$5\% \leqslant D_e < 10\%$	3
$10\% \leqslant D_e < 15\%$	7
$D_e \geqslant 15\%$	10

【条文说明扩展】

优化前后的参照系统和实际系统，围护结构、设计参数、模拟参数（作息、室内发热量等）的设置等应一致；如本标准第5.2.3条按第2款得分，也应与其保持一致。参照系统按常规形式考虑，例如输配系统的风机、水泵定频和台数控制、冷热媒温差等；同时，参照系统也应满足本标准第5.1.1、5.1.2、8.1.4条以及《民用建筑供暖通风与空气调节设计规范》GB 50736所有强制性条文的要求，例如冷热源机组能效值。

其他注意事项：

1　集中空调系统：参照系统的设计新风量、冷热源、输配系统设备能效比等均应严格按照节能标准选取，不应盲目提高新风量设计标准，不考虑风机、水泵变频、新风热回收、冷却塔免费供冷等节能措施。即便设计方案的新风量标准高于国家、行业或地方标准，参考建筑的新风量设计标准也不得高于国家、行业或地方标准。参照系统不考虑新风比增加等措施。

2　采用分散式房间空调器进行空调和采暖时，参照系统选用符合国家标准《房间空气调节器能效限定值及能源效率等级》GB 12021.3 和《转速可控型房间空气调节器能效限定值及能源效率等级》GB 21455中规定的第2级产品。

3　对于新风热回收系统，热回收装置机组名义测试工况下的热回收效率，全热焓交换效率制冷不低于50%，制热不低于55%，显热温度交换效率制冷不低于60%，制热不低于65%。需要考虑新风热回收耗电，热回收装置的性能系数（COP值）大于5（COP

值为回收的热量与附加的风机耗电量比值），超过 5 以上的部分为热回收系统的节能值。

4 对于水泵的一次泵，二次泵系统，参照系统为对应一二次泵定频系统。考虑变频的措施，水泵节能率可计入。对于风机，参考系统为定频风机。

5 对于有多种能源形式的空调采暖系统，其能耗应折算为一次能源进行计算。

6 对于居住建筑没有设计空调采暖系统的，本条不参评。

7 对于设计方案采用低谷电蓄冷（蓄热）方案的，不应比较全年能耗费用。

【具体评价方式】

本条适用于进行供暖、通风或空调的各类民用建筑的设计、运行评价。

设计评价：查阅暖通空调专业施工图及设计说明、暖通空调能耗模拟计算书，审查系统能耗降低幅度及其计算。

运行评价：查阅暖通空调专业竣工图及设计说明、暖通空调能耗模拟计算书、运行能耗记录，审查系统能耗降低幅度及其计算，并现场核查。

5.2.7 采取措施降低过渡季节供暖、通风与空调系统能耗，评价分值为 6 分。

【条文说明扩展】

与本条相关的标准主要是国家标准《公共建筑节能设计标准》GB 50189－2015，相关规定如下：

4.2.20 对冬季或过渡季存在供冷需求的建筑，应充分利用新风降温或经技术经济分析合理时应利用冷却塔提供空气调节冷水或使用具有同时制冷和制热功能的空调（热泵）产品。

4.3.12 设计定风量全空气空气调节系统时，宜采取实现全新风运行或可调新风比。

过渡季节降低供暖、通风与空调系统能耗的技术主要有冷却塔免费供冷、全新风或可调新风的全空气调节系统等。

【具体评价方式】

本条适用于各类民用建筑的设计、运行评价。对于采用分体空调、可随时开窗通风的民用建筑，本条可直接得分。对于不设暖通空调系统的民用建筑，本条不参评。

对于全空气空调系统，其可达到的最大总新风比应不低于 50%；人员密集的大空间、需全年供冷的空调区，则可达到的最大总新风比应不低于 70%。

设计评价：查阅暖通空调专业施工图及设计说明，降低过渡季节供暖、通风与空调系统能耗措施报告。

运行评价：查阅暖通空调专业竣工图及设计说明、降低过渡季节供暖、通风与空调系统能耗措施报告，现场检查系统设置情况。

5.2.8 采取措施降低部分负荷、部分空间使用下的供暖、通风与空调系统能耗，评价总分值为 9 分，并按下列规则分别评分并累计：

1 区分房间的朝向，细分供暖、空调区域，对系统进行分区控制，得 3 分；

2 合理选配空调冷、热源机组台数与容量，制定实施根据负荷变化调节制冷（热）量的控制策略，且空调冷源的部分负荷性能符合现行国家标准《公共建筑节能设计标准》GB 50189 的规定，得 3 分；

3 水系统、风系统采用变频技术，且采取相应的水力平衡措施，得 3 分。

【条文说明扩展】

本条第 1 款：通常，空调系统分区按照使用时间、温度、湿度、房间朝向等进行。空调方式采用分体空调以及多联机的，可认定为满足（但前提是其供暖系统也满足本款要求，或没有供暖系统）。

本条第 2 款：一方面需定性判断冷热源机组的容量配置、台数是否满足部分负荷要求，如热源为市政热源可不予考察（但小区锅炉房等仍应考察）；另一方面需定量考察冷源机组的部分负荷性能 IPLV，是否满足国家标准《公共建筑节能设计标准》GB 50189 - 2015 的要求（对于多联式空调（热泵）机组的要求详见第 5.2.4 条条文说明扩展）：

4.2.11 电机驱动的蒸气压缩循环冷水（热泵）机组的综合部分负荷性能系数 (IPLV) 应符合下列规定：

1 综合部分负荷性能系数（IPLV）计算方法应符合本标准第 4.2.13 条的规定；

2 水冷定频机组的综合部分负荷性能系数（IPLV）不应低于表 4.2.11 的数值；

3 水冷变频离心式冷水机组的综合部分负荷性能系数（IPLV）不应低于表 4.2.11 中水冷离心式冷水机组限值的 1.30 倍；

4 水冷变频螺杆式冷水机组的综合部分负荷性能系数（IPLV）不应低于表 4.2.11 中水冷螺杆式冷水机组限值的 1.15 倍。

表 4.2.11 冷水（热泵）机组综合部分负荷性能系数 (IPLV)

类　　型		名义制冷量 CC（kW）	综合部分负荷性能系数 IPLV					
			严寒 A、B 区	严寒 C 区	温和地区	寒冷地区	夏热冬冷地区	夏热冬暖地区
水冷	活塞式/涡旋式	CC≤528	4.90	4.90	4.90	4.90	5.05	5.25
	螺杆式	CC≤528	5.35	5.45	5.45	5.45	5.55	5.65
		528<CC≤1163	5.75	5.75	5.75	5.85	5.90	6.00
		CC>1163	5.85	5.95	6.10	6.20	6.30	6.30
	离心式	CC≤1163	5.15	5.15	5.25	5.35	5.45	5.55
		1163<CC≤2110	5.40	5.50	5.55	5.60	5.75	5.85
		CC>2110	5.95	5.95	5.95	6.10	6.20	6.20
风冷或蒸发冷却	活塞式/涡旋式	CC≤50	3.10	3.10	3.10	3.10	3.40	3.45
		CC>50	3.35	3.35	3.35	3.35	3.40	3.45
	螺杆式	CC≤50	2.90	2.90	2.90	3.00	3.10	3.10
		CC>50	3.10	3.10	3.10	3.20	3.20	3.20

本条第 3 款：水系统、风系统必须全部采用变频技术，并经水力平衡计算，方可认为达标。对于不需要设水系统或风系统的空调系统或设备，例如采用变制冷剂流量的多联机或者分体空调，本款可直接得分。

【具体评价方式】

本条适用于各类民用建筑的设计、运行评价。

设计评价：查阅暖通空调专业施工图及设计说明，审查分区控制策略、部分负荷性能系数（IPLV）计算书、水力平衡计算书。

运行评价：查阅暖通空调专业竣工图、运行记录，审查分区控制策略、部分负荷性能系数（IPLV）计算书、水力平衡计算书，并现场核查。

Ⅲ 照明与电气

5.2.9 走廊、楼梯间、门厅、大堂、大空间、地下停车场等场所的照明系统采取分区、定时、感应等节能控制措施，评价分值为5分。

【条文说明扩展】

照明系统分区包括光源和灯具选型、灯具布置、灯具控制等方面，应根据各场所的功能要求、作息差异性、自然采光可利用性等因素确定。功能分区如办公区、走廊、楼梯间、车库等；作息差异性一般指主要工作或生活时间、值班时间等。对于公共区域可采取定时、感应等节能控制措施，或采取照度调节的节能控制装置。如楼梯间采取声、光控或人体感应控制；走廊、地下车库可采用定时或其他的集中控制方式。

现行标准《建筑照明设计标准》GB 50034-2013第7章"照明配电及控制"、《民用建筑电气设计规范》JGJ 16-2008第10章"电气照明"均做出了相关规定。《建筑照明设计标准》GB 50034-2013中的具体规定包括：

7.3.1 公共建筑和工业建筑的走廊、楼梯间、门厅等公共场所的照明，宜按建筑使用条件和天然采光状况采取分区、分组控制措施。

7.3.2 公共场所应采用集中控制，并按需要采取调光或降低照度的控制措施。

7.3.3 旅馆的每间（套）客房应设置节能控制型总开关；楼梯间、走道的照明，除应急疏散照明外，宜采用自动调节照度等节能措施。

7.3.4 住宅建筑共用部位的照明，应采用延时自动熄灭或自动降低照度等节能措施。当应急疏散照明采用节能自熄开关时，必须采取消防时强制点亮的措施。

7.3.7 有条件的场所，宜采用下列控制方式：

1 可利用天然采光的场所，宜随天然光照度变化自动调节照度；

2 办公室的工作区域，公共建筑的楼梯间、走道等场所，可按使用需求自动开关灯或调光；

3 地下车库宜按使用需求自动调节照度；

4 门厅、大堂、电梯厅等场所，宜采用夜间定时降低照度的自动控制装置。

7.3.8 大型公共建筑宜按使用需求采用适宜的自动（含智能控制）照明控制系统。其智能照明控制系统宜具备下列功能：

1 宜具备信息采集功能和多种控制方式，并可设置不同场景的控制模式；

2 控制照明装置时，宜具备相适应的接口；

3 可实时显示和记录所控照明系统的各种相关信息并可自动生成分析和统计报表；

4 宜具备良好的中文人机交互界面

5 宜预留与其他系统的联动接口。

《民用建筑电气设计规范》JGJ 16－2008 中的具体规定包括：

10.6.10 正确选择照明方案，并应优先采用分区一般照明方式。

10.6.13 应根据环境条件、使用特点合理选择照明控制方式，并应符合下列规定：

1 应充分利用天然光，并应根据天然光的照度变化控制电气照明的分区；

2 根据照明使用特点，应采取分区控制灯光或适当增加照明开关点；

3 公共场所照明、室外照明宜采用集中遥控节能管理方式或采用自动光控装置。

10.6.14 应采用定时开关、调光开关、光电自动控制器等节电开关和照明智能控制系统等管理措施。

此外，还应参考特定类型建筑电气设计规范中关于照明系统节能、控制的条款，例如《住宅建筑电气设计规范》JGJ 242、《交通建筑电气设计规范》JGJ 243、《金融建筑电气设计规范》JGJ 284、《教育建筑电气设计规范》JGJ 310、《医疗建筑电气设计规范》JGJ 312、《会展建筑电气设计规范》JGJ 333 等。

【具体评价方式】

本条适用于各类民用建筑的设计、运行评价。对于住宅建筑，仅评价其公共部分。

设计评价：查阅电气专业施工图及设计说明，审查是否采取了有关节能控制措施。

运行评价：查阅电气专业竣工图及设计说明，审查是否采取了有关节能控制措施，并现场核查。

5.2.10 照明功率密度值达到现行国家标准《建筑照明设计标准》GB 50034 中规定的目标值，评价总分值为 8 分。主要功能房间满足要求，得 4 分；所有区域均满足要求，得 8 分。

【条文说明扩展】

除具体指标外，评价内容同第 5.1.4 条。

【具体评价方式】

本条适用于各类民用建筑的设计、运行评价，但对住宅建筑仅评价其公共部分。

对于住宅，应考察的户内主要功能房间包括起居室、卧室、餐厅（毛坯房可不考察）。

对于公共建筑中的办公、旅馆、学校、商场、教育建筑、医疗建筑、交通建筑等类型建筑，主要功能房间定义为国家标准《建筑照明设计标准》GB 50034 中对应的建筑类型明确列出的房间或场所。例如，办公建筑中的办公室、会议室、大厅，商店建筑中的营业厅，旅馆建筑中的客房、餐厅、多功能厅、会议室、大堂，医疗建筑中的诊室、化验室、挂号厅、病房、护士站、药房，教育建筑中的教室、阅览室、实验室、学生宿舍，博览建筑中的报告厅、展厅、大厅，交通建筑中的候车（机、船）室、中央大厅、售票大厅。

所有区域是指第 5.1.4 条各表中所列的所有房间和场所。例如，对于住宅，还应包括厨卫、室外公共部分（如门厅、走廊、车库等）及底商部分；对于公共建筑，还应包括表 6.3.13 所列的通用房间或场所。

具体评价方式同第 5.1.4 条。

5.2.11 合理选用电梯和自动扶梯，并采取电梯群控、扶梯自动启停等节能控制措施，评价分值为3分。

【条文说明扩展】

本条内容包括如下三层含义：

第一层是电梯、扶梯的选用：充分考虑使用需求和客/货流量，电梯台数、载客量、速度等指标；

第二层是电梯、扶梯产品的节能特性：由于目前并未明确电梯和扶梯的节能型号，暂以是否采取变频调速拖动方式或能量再生回馈技术判定；

第三层是其节能控制措施：包括电梯并联或群控控制、扶梯感应启停、轿厢无人自动关灯技术、驱动器休眠技术、自动扶梯变频感应启动技术、群控楼宇智能管理技术等。

现行标准《民用建筑电气设计规范》JGJ 16-2008中有关于电梯控制的规定有：

18.14.1 电梯和自动扶梯运行参数的监测宜符合下列规定：

1 宜设置电梯、自动扶梯运行状态显示及故障报警；

2 当监控电梯群组运行时，电梯群宜分组、分时段控制；

3 宜对每台电梯的运行时间进行累计。

此外，还应参考特定类型建筑电气设计规范中关于电梯节能、控制的条款，例如《交通建筑电气设计规范》JGJ 243、《会展建筑电气设计规范》JGJ 333 等。

【具体评价方式】

本条适用于各类民用建筑的设计、运行评价。对于不设电梯、自动扶梯的建筑，本条不参评。对于仅设有一台电梯的建筑，自然无须考虑电梯群控措施，但电梯应满足节能电梯相关规定，否则也不能得分。

设计评价：查阅电梯、自动扶梯选型参数表，人流平衡计算分析报告，电梯、扶梯配电系统图，电梯、扶梯控制系统图。

运行评价：查阅电气专业竣工图、电梯检验报告、电梯运行记录、电梯检测报告等，审查节能控制措施，并现场核查。

5.2.12 合理选用节能型电气设备，评价总分值为5分，并按下列规则分别评分并累计：

1 三相配电变压器满足现行国家标准《三相配电变压器能效限定值及节能评价值》GB 20052 的节能评价值要求，得3分；

2 水泵、风机等设备，及其他电气装置满足相关现行国家标准的节能评价值要求，得2分。

【条文说明扩展】

现行国家标准《三相配电变压器能效限定值及节能评价值》GB 20052-2013中"4.4 配电变压器节能评价值"规定：油浸式配电变压器、干式配电变压器的空载损耗和负载损耗值均应不高于能效等级2级的规定。

此外，还要求水泵、风机等其他电气设备也满足相关国家标准（例如《中小型三相异步电动机能效限定值及能效等级》GB 18613、《通风机能效限定值及能效等级》GB

19761、《清水离心泵能效限定值及节能评价值》GB 19762）的节能评价值。

【具体评价方式】

本条适用于各类民用建筑的设计、运行评价。对于应急设备，例如消防水泵、潜水泵、防排烟风机等，不包括在本条评价范围内。

设计评价：查阅电气等专业施工图，与变压器选型设计、无功补偿、谐波治理相关的电气设计说明，低压配电系统图，变压器负荷计算书等，审查三相配电变压器、水泵、风机等的节能性能指标。

运行评价：查阅电气等专业竣工图，与变压器选型设计、无功补偿、谐波治理相关的电气设计说明，低压配电系统图，变压器负荷计算书等，主要产品型式检验报告，运行记录等，审查三相配电变压器、水泵、风机等的节能性能指标，并现场核查。

Ⅳ 能 量 综 合 利 用

5.2.13 排风能量回收系统设计合理并运行可靠，评价分值为 3 分。

【条文说明扩展】

国家标准《公共建筑节能设计标准》GB 50189-2015 规定：

4.3.25 设有集中排风的空调系统经技术经济比较合理时，宜设置空气-空气能量回收装置。

4.3.26 有人员长期停留且不设置集中新风、排风系统的空气调节区（房间），宜在各空气调节区（房间）分别安装带热回收功能的双向换气装置。

国家标准《空气-空气能量回收装置》GB/T 21087-2007 对装置性能提出了具体要求，并规定了装置名义风量对应的热交换效率最低值。

表 5.2.13 空气-空气能量回收装置交换效率要求

类 型	热交换效率	
	制冷%	制热%
焓效率（适用于全热交换装置）	>50	>55
温度效率（适用于显热交换装置）	>60	>65
备注：按标准规定工况，且新风、排风量相等的条件下测量效率。		

相关标准图集有《空气-空气能量回收装置选用与安装（新风换气机部分）》06K301-1、《空调系统热回收装置选用与安装》06K301-2 等。其中，《空调系统热回收装置选用与安装》对排风热回收装置的选用提出了以下原则：

1 当建筑物内设有集中排风系统，并且符合下列条件之一时，宜设置排风热回收装置，但选用的热回收装置的额定显热效率原则上不应低于 60%、全热效率不应低于 50%：送风量大于或等于 3000m³/h 的直流式空调系统，且新风与排风之间的温差大于 8℃ 时；设计新风量大于或等于 4000m³/h 的全空气空调系统，且新风与排风之间的温差大于 8℃ 时；设有独立新风和排风的系统。

2 有人员长期停留但未设置集中新风、排风系统的空调区域或房间，宜安装热回收换气装置。

3 当居住建筑设置全年性空调、采暖，并对室内空气品质要求较高时，宜在通风、空调系统中设置全热或显热热回收装置。

【具体评价方式】

本条适用于供暖、通风或空调的各类民用建筑的设计、运行评价；对无独立新风系统的建筑，新风与排风的温差不超过15℃或其他不宜设置排风能量回收系统的建筑，本条不参评。除系统设计合理且运行可靠的要求外，还对装置的热交换效率有最低要求：对于集中空调系统的空气-空气能量回收装置，不得低于60%；对于分散空调房间的带热回收功能的双向换气装置，不得低于55%。

设计评价：查阅暖通空调专业施工图、排风能量回收系统计算分析报告，审查排风能量回收系统设计方案的合理性。

运行评价：查阅暖通空调专业竣工图、产品型式检验报告、排风能量回收系统计算分析报告、能量回收装置检测报告等，审查排风能量回收系统设计方案的合理性，并现场核查。

评价时，应审查排风能量回收系统设计方案的合理性，以及运行状态是否良好。

5.2.14 合理采用蓄冷蓄热系统，评价分值为3分。

【条文说明扩展】

蓄冷蓄热系统适用于执行分时电价、峰谷电价差较大的地区，且建筑用电负荷具有以下特点：1) 使用时间内空调负荷大，空调负荷高峰段与电网负荷高峰段相重合，且在电网低谷段时空调负荷较小的场所，如办公楼、银行、百货商店、宾馆、饭店等；2) 建筑物的冷（热）负荷具有显著的不均衡性，有条件利用闲置设备制冷，如周期性使用或间歇性使用、使用时间有限且使用时间内空调负荷大的场所，如电影院、体育馆、大会堂、学校等；3) 空调逐时负荷峰谷差悬殊，使用常规空调会导致装机容量过大，且经常处于部分负荷运行的场所。蓄冷蓄热系统节省费用，但不节电。

国家标准《民用建筑供暖通风与空气调节设计规范》GB 50736-2012 中如下规定：

8.1.1 (10) 在执行分时电价、峰谷电价差较大的地区，经技术经济比较，采用低谷电价能够明显起到对电网"削峰填谷"和节省运行费用时，宜采用蓄能系统供冷供热。

8.7.1 符合以下条件之一，且经综合技术经济比较合理时，宜采用蓄冷（热）系统供冷（热）：

1 执行分时电价、峰谷电价差较大的地区，或有其他用电鼓励政策时；

2 空调冷、热负荷峰值的发生时刻与电力峰值的发生时刻接近、且电网低谷时段的冷、热负荷较小时；

3 建筑物的冷热负荷具有显著的不均匀性，或逐时空调冷、热负荷的峰谷差悬殊，按照峰值负荷进行设计装机容量的设备经常处于部分负荷下运行，利用闲置设备进行制冷或供热能够取得较好的经济效益时；

4 电能的峰值供应量受到限制，以至于不采用蓄冷系统能源供应不能满足建筑空气调节的正常使用要求时。

8.7.2 蓄冷空调系统设计应符合下列规定：

1 应计算一个蓄冷—释冷周期的逐时空调冷负荷，且应考虑间歇运行的冷负荷附加；

2 应根据蓄冷—释冷周期内冷负荷曲线、电网峰谷时段以及电价、建筑物能够提供的设置蓄冷设备的空间等因素，经综合比较后确定采用全负荷蓄冷或部分负荷蓄冷。

8.7.3 冰蓄冷装置和制冷机组的容量，应保证在设计蓄冷时段内完成全部预定的冷量蓄存，并宜按照附录J的规定确定。冰蓄冷装置的蓄冷和释冷特性应满足蓄冷空调系统的需求。

8.7.4 冰蓄冷系统，当设计蓄冷时段仍需供冷，且符合下列情况之一时，宜配置基载机组：

1 基载冷负荷超过制冷主机单台空调工况制冷量的20%时；

2 基载冷负荷超过350kW时；

3 基载负荷下的空调总冷量（kWh）超过设计蓄冰冷量（kWh）的10%时。

8.7.5 冰蓄冷系统载冷剂选择及管路设计应符合现行行业标准《蓄冷空调工程技术规程》JGJ 158的有关规定。

8.7.6 采用冰蓄冷系统时，应适当加大空调冷水的供回水温差，并应符合下列规定：

1 当空调冷水直接进入建筑内各空调末端时，若采用冰盘管内融冰方式，空调系统的冷水供回水温差不应小于6℃，供水温度不宜高于6℃；若采用冰盘管外融冰方式，空调系统的冷水供回水温差不应小于8℃，供水温度不宜高于5℃；

2 当建筑空调水系统由于分区而存在二次冷水的需求时，若采用冰盘管内融冰方式，空调系统的一次冷水供回水温差不应小于5℃，供水温度不宜高于6℃；若采用冰盘管外融冰方式，空调系统的一次冷水供回水温差不应小于6℃，供水温度不宜高于5℃；

3 当空调系统采用低温送风方式时，其冷水供回水温度，应经经济技术比较后确定，供水温度不高于5℃；

4 采用区域供冷时，温差要求应符合第8.8.2条的要求。

8.7.7 水蓄冷（热）系统设计应符合下列规定：

1 蓄冷水温不宜低于4℃，蓄冷水池的蓄水深度不宜低于2m；

2 当空调水系统最高点高于蓄冷（或蓄热）水池设计水面时，宜采用板式换热器间接供冷（热）；当高差大于10m时，应采用板式换热器间接供冷（热）；如果采用直接供冷（热）方式，水路设计应采用防止水倒灌的措施；

3 蓄冷水池与消防水池合用时，其技术方案应经过当地消防部门的审批，并应采取切实可靠的措施保证消防供水的要求；

4 蓄热水池不应与消防水池合用。

其他相关标准有《蓄冷空调工程技术规程》JGJ 158、《蓄冷空调系统的测试和评价方法》GB/T 19412等，标准图集有《冰蓄冷系统设计与施工图集》06K610、《蓄热式电锅炉房工程设计施工图集》03R102等。

【具体评价方式】

本条适用于供暖或空调的公共建筑的设计、运行评价。若当地峰谷电价差低于2.5倍或没有峰谷电价的，本条不参评。本条提供了释冷/热、蓄冷/热两种可选的达标途径，具体是：

1 以释能阶段作为评价要点时，蓄能装置提供的冷量不低于设计日空调冷量的

30%；特别地，对于电蓄热，则蓄能装置提供的热量应保证电价峰值时段内的供暖空调热量（且应符合本标准控制项第5.1.2条要求）；

2 以蓄能阶段作为评价要点时，蓄能装置蓄存的冷量不低于用于蓄冷的电驱动制冷机组在电价谷值时段全时满负荷运行所生产冷量的80%，且均被充分利用（不含电蓄热）。

设计评价：查阅暖通空调专业施工图（包括蓄冷蓄热系统）、蓄冷蓄热系统专项报告。

运行评价：查阅暖通空调专业竣工图（包括蓄冷蓄热系统）、蓄冷蓄热系统运行记录、蓄冷蓄热系统运行分析报告，并现场核查。

5.2.15 合理利用余热废热解决建筑的蒸汽、供暖或生活热水需求，评价分值为4分。

【条文说明扩展】

在热电厂、工厂等具有余热、废热资源的区域，可考虑对工厂、热电厂排放的余热废热进行集中回收以用于解决建筑用能需求；回收锅炉烟气余热、空调冷凝水余热也是一种措施。

余热废热有两种利用方式，一种是热回收（直接利用热能），如利用热电厂的余热生产蒸汽及热水，利用空调冷凝热加热或预热生活热水等；另一种是动力回收（转换为动力或电力再用），如余热驱动吸收式制冷机组供冷。进行余热废热回收利用，需要进行可行性论证。

国家标准《民用建筑供暖通风与空气调节设计规范》GB 50736-2012规定：

8.1.1 有可供利用的废热或工业余热的区域，热源宜采用废热或工业余热。当废热或工业余热的温度较高、经技术经济论证合理时，冷源宜采用吸收式机组。全年进行空气调节，且各房间或区域负荷特性相差较大，需要长时间地向建筑物同时供热和供冷，经技术经济比较合理时，宜采用水环热泵空调系统供冷、供热。

国家标准《建筑给水排水设计规范》GB 50015-2003（2009年版）规定：

5.2.2 集中热水供应系统的热源，宜首先利用工业余热、废热、地热。

注：1 利用废热锅炉制备热媒时，引入其内的废气、烟气温度不宜低于400℃；

2 当以地热为热源时，应按地热水的水温、水质和水压，采取相应的技术措施。

国家标准《公共建筑节能设计标准》GB 50189-2015规定：

4.2.22 对常年存在一定生活热水需求的建筑，当采用电动蒸汽压缩循环冷水机组时，宜采用具有冷凝热回收功能的冷水机组。

【具体评价方式】

本条适用于各类民用建筑的设计、运行评价。若建筑无可用的余热废热源，或建筑无稳定的热需求，本条不参评。一般情况下的具体指标可取为：余热或废热提供的能量分别不少于建筑所需蒸汽设计日用量的40%、设计日供暖量的30%、设计日生活热水用量的60%。

设计评价：查阅暖通空调专业施工图及设计说明、余热废热利用可行性论证报告、余热废热利用专项设计图纸等。

运行评价：查阅暖通空调专业竣工图及设计说明、系统运行记录、系统运行分析报告，并现场核查。

5.2.16 根据当地气候和自然资源条件，合理利用可再生能源，评价总分值为 10 分，按表 5.2.16 的规则评分。

表 5.2.16 可再生能源利用评分规则

可再生能源利用类型和指标		得分
由可再生能源提供的生活用热水比例 R_{hw}	$20\% \leqslant R_{hw} < 30\%$	4
	$30\% \leqslant R_{hw} < 40\%$	5
	$40\% \leqslant R_{hw} < 50\%$	6
	$50\% \leqslant R_{hw} < 60\%$	7
	$60\% \leqslant R_{hw} < 70\%$	8
	$70\% \leqslant R_{hw} < 80\%$	9
	$R_{hw} \geqslant 80\%$	10
由可再生能源提供的空调用冷量和热量比例 R_{ch}	$20\% \leqslant R_{ch} < 30\%$	4
	$30\% \leqslant R_{ch} < 40\%$	5
	$40\% \leqslant R_{ch} < 50\%$	6
	$50\% \leqslant R_{ch} < 60\%$	7
	$60\% \leqslant R_{ch} < 70\%$	8
	$70\% \leqslant R_{ch} < 80\%$	9
	$R_{ch} \geqslant 80\%$	10
由可再生能源提供的电量比例 R_e	$1.0\% \leqslant R_e < 1.5\%$	4
	$1.5\% \leqslant R_e < 2.0\%$	5
	$2.0\% \leqslant R_e < 2.5\%$	6
	$2.5\% \leqslant R_e < 3.0\%$	7
	$3.0\% \leqslant R_e < 3.5\%$	8
	$3.5\% \leqslant R_e < 4.0\%$	9
	$R_e \geqslant 4.0\%$	10

【条文说明扩展】

常用可再生能源建筑应用技术包括太阳能光热系统、地源热泵系统、太阳能光伏发电系统等。

我国《可再生能源法》规定：

第二条 本法所称可再生能源，是指风能、太阳能、水能、生物质能、地热能、海洋能等非化石能源。

水力发电对本法的适用，由国务院能源主管部门规定，报国务院批准。

通过低效率炉灶直接燃烧方式利用秸秆、薪柴、粪便等，不适用本法。

第十七条 国家鼓励单位和个人安装和使用太阳能热水系统、太阳能供热采暖和制冷系统、太阳能光伏发电系统等太阳能利用系统。

国务院建设行政主管部门会同国务院有关部门制定太阳能利用系统与建筑结合的技术经济政策和技术规范。

房地产开发企业应当根据前款规定的技术规范，在建筑物的设计和施工中，为太阳能利用提供必备条件。

对已建成的建筑物，住户可以在不影响其质量与安全的前提下安装符合技术规范和产品标准的太阳能利用系统；但是，当事人另有约定的除外。

《民用建筑节能条例》也有类似鼓励措施规定：

第四条　国家鼓励和扶持在新建建筑和既有建筑节能改造中采用太阳能、地热能等可再生能源。

在具备太阳能利用条件的地区，有关地方人民政府及其部门应当采取有效措施，鼓励和扶持单位、个人安装使用太阳能热水系统、照明系统、供热系统、采暖制冷系统等太阳能利用系统。

国家标准《民用建筑供暖通风与空气调节设计规范》GB 50736－2012 对供暖空调冷源与热源提出了如下要求：

8.1.1（2）　在技术经济合理的情况下，冷、热源宜利用浅层地能、太阳能、风能等可再生能源。当采用可再生能源收到气候等原因的限制无法保证时，应设置辅助冷、热源。

国家标准《建筑给水排水设计规范》GB 50015－2003（2009 年版）对生活热水热源也有如下要求：

5.2.2A　当日照时数大于 1400h/年且年太阳辐射量大于 4200MJ/m² 及年极端最低气温不低于－45℃的地区，宜优先采用太阳能作为热水供应热源。

5.2.2B　具备可再生低温能源的下列地区可采用热泵热水供应系统：

1　在夏热冬暖地区，宜采用空气源热泵热水供应系统；

2　在地下水源充沛、水文地质条件适宜，并能保证回灌的地区，宜采用地下水源热泵热水供应系统；

3　在沿江、沿海、沿湖、地表水源充足，水文地质条件适宜，及有条件利用城市污水、再生水的地区，宜采用地表水源热泵热水供应系统。

注：当采用地下水源和地表水源时，应经当地水务主管部门批准，必要时应进行生态环境，水质卫生方面的评估。

国家标准《可再生能源建筑应用工程评价标准》GB/T 50801－2013 对可再生能源的相关术语进行了定义，具体如下：

2.0.1　可再生能源建筑应用

在建筑供热水、采暖、空调和供电等系统中，采用太阳能、地热能等可再生能源系统提供全部或部分建筑用能的应用形式。

2.0.2　太阳能热利用系统

将太阳能转换成热能，进行供热、制冷等应用的系统，在建筑中主要包括太阳能供热水、采暖和空调系统。

2.0.5 太阳能光伏系统

利用光生伏打效应，将太阳能转变成电能，包含逆变器、平衡系统部件及太阳能电池方阵在内的系统。

2.0.6 地源热泵系统

以岩土体、地下水或地表水为低温热源，由水源热泵机组、地热能交换系统、建筑物内系统组成的供热空调系统。根据地热能交换系统形式的不同，地源热泵系统分为地埋管地源热泵系统、地下水地源热泵系统和地表水地源热泵系统，其中地表水源热泵又分为江、河、湖、海水源热泵系统。

2.0.7 太阳能保证率

太阳能供热、采暖或空调系统中由太阳能供给的能量占系统总消耗能量的百分率。

此外，现行标准《可再生能源建筑应用工程评价标准》GB/T 50801、《地源热泵系统工程技术规范》GB 50366、《民用建筑太阳能热水系统应用技术规范》GB 50364、《太阳能供热采暖工程技术规范》GB 50495、《民用建筑太阳能空调工程技术规范》GB 50787、《民用建筑太阳能光伏系统应用技术规范》JGJ 203 等均对可再生能源的应用做出了具体规定。需要补充的是，对于采用可再生能源提供生活热水的情况，控制项第 6.1.2 条细则给出了生活热水系统设置要求，即：热水用水量较小且用水点分散时，宜采用局部热水供应系统；热水用水量较大、用水点比较集中时，应采用集中热水供应系统。

【具体评价方式】

本条适用于各类民用建筑的设计、运行评价。本条分别对由可再生能源提供的生活热水比例、空调用冷量和热量比例、电量比例进行分档评分。当建筑的可再生能源利用不止一种用途时，可各自评分并累计；当累计得分超过 10 分时，应取为 10 分。

对于可再生能源提供的生活热水比例，住宅可仍沿用住户比例的判别方式（运行阶段应取实际入住户数），如采用太阳能热水器等提供生活热水的住户比例达到表 5.2.16 所要求的数值，即可得相应分（但仍需校核太阳能热水系统的供热水能力是否与相应住户数量相匹配，尤其是集中式系统和集中－分散式系统，以防 GB/T 50378－2006 第 5.2.18 条条文说明中的象征性"表面文章"现象）。而对于公共建筑以及采用公共洗浴形式的居住建筑，则设计阶段应计算可再生能源对生活热水的设计小时供热量与生活热水的设计小时加热耗热量（参见国家标准《建筑给水排水设计规范》GB 50015）的比例（其中已考虑贮水箱作用）；运行阶段则应以全年为周期，计算可再生能源对于生活热水的加热量（不含辅助加热）与所消耗生活热水的总耗热量之比。特别地，对于夏热冬冷、夏热冬暖、温和地区存在稳定热水需求的居住建筑或公共建筑，若采用较高效的空气源热泵提供生活热水，也可在本条得分，具体评价同前。

对于可再生能源提供的空调用冷/热量，以及电量，设计阶段可计算设计工况下可再生能源供冷/热的冷热源机组（如地/水热源泵）的供冷/热量（即将机组输入功率考虑在内）与空调系统总的冷/热负荷（冬季供热且夏季供冷的，可简单取冷量和热量的算术和）、发电机组（如光伏板）的输出功率与供电系统设计负荷之比；运行阶段，同样应以全年的冷/热量和电量来计算。对于配置了冷却塔、电加热等的复合式地源热泵空调系统，应以地埋管、地下水等提供的冷/热量（不含辅助加热）乘以机组实际运行的性能系数来计算可再生能源提供的冷/热量。

设计评价：查阅可再生能源利用专项施工图、专项计算分析报告等，审查可再生能源利用情况。

运行评价：查阅可再生能源利用专项竣工图、产品型式检验报告、专项计算分析报告、运行记录，审查可再生能源利用情况，并现场核查。

设计评价和运行评价时，可再生能源替代量应为净替代能量，即需扣除辅助能耗。

6 节水与水资源利用

6.1 控 制 项

6.1.1 应制定水资源利用方案，统筹利用各种水资源。

【条文说明扩展】

水资源利用方案的各项内容可按以下原则和要求制定：

1 结合当地政府规定的节水要求、城市水环境专项规划以及项目可利用水资源状况，因地制宜地制定绿色建筑的水资源利用方案，是进行绿色建筑给排水设计的首要步骤。项目可利用水资源状况、所在地区的气象资料、地质条件及项目周边市政设施情况等因素应重点考虑，以使制定的措施具有针对性。

（1）可利用水资源。可利用水资源指在技术上可行、经济上合理的情况下，通过工程措施能进行调节利用且有一定保证率的那部分水资源量。除市政自来水外，还可包括但不限于以下几种水资源：

1）建筑污废水。建筑污废水的利用一般分为复用和循环利用。复用，即梯级利用，指根据不同用水部门对水质要求的不同，对污废水进行重复利用。循环利用则是通过自建处理设施对污废水进行处理，使出水水质达到杂用水使用要求后，用做杂用水。建筑污废水的来源，既可以是项目自身产生的污废水，也可以是通过签订许可协议从周边其他建筑得到的污废水。

2）市政再生水。当项目周边有市政再生水利用条件（项目所在地在市政再生水厂的供水范围内或规划供水范围内）时，通过签订市政再生水用水协议和设置项目内再生水供水系统，可以充分利用市政再生水，代替自来水用于满足项目内各种杂用水需求。

3）雨水。项目通过设置雨水收集贮存设施和处理设施，对雨水进行收集、处理，回用做景观补水、空调冷却补水、绿化灌溉、道路浇洒等杂用水。项目的雨水收集范围，既可以是项目自身的红线范围内的雨水，也可以是通过签订许可协议收集的周边区域的雨水。

4）河湖水。当项目所在地周边的地表水资源较为丰富且获得便利时，在通过市政、水务或水利等相关管理部门许可的前提下，可以有效利用项目周边的河湖水。

5）海水。临海的项目在经济技术条件合适的情况下，可利用海水。

（2）气象资料。主要包括影响雨水利用适宜性的当地降水量、蒸发量和太阳能资源等内容。

（3）地质条件。主要包括影响雨水入渗及回用的地质构造、地下水位和土质情况等。

（4）市政设施情况。包括当地市政给排水管网、处理设施的现状、长期规划情况，是否存在市政再生水供应。如果直接使用市政再生水，应取得相关主管部门批准同意其使用的相关文件。

2　当项目包含多种建筑类型，如住宅、办公建筑、商店、餐饮建筑、会展建筑、旅馆等时，应统筹考虑项目内水资源的各种情况，确定综合利用方案。例如，收集项目范围内旅馆建筑的优质杂排水，经处理后回用于项目范围内办公建筑、商店的室内冲厕。

3　用水定额应从项目总体区域用水上考虑，参照《城市居民生活用水量标准》GB 50331、《民用建筑节水设计标准》GB 50555、地方用水标准及其他相关用水要求，并结合当地经济状况、气候条件、用水习惯和区域水专项规划等科学、合理地确定。

用水量估算不仅要考虑建筑室内盥洗、沐浴、冲厕、冷却水补水、泳池补水、空调设备补水等室内用水因素，还要综合考虑小区或区域性的室外浇洒道路、绿化、景观水体补水等室外用水因素。应综合考虑上述各种用水因素，统一编制水量计算表，详尽表达整个项目的用水情况，以便于方案论证及评价审查。

使用非传统水源时，应进行源水量和用水量的水量平衡分析，编制水量平衡表，并应考虑季节变化等各种影响源水量和用水量的因素。

4　给排水系统设计方案

（1）建筑给水系统设计方案首先要符合国家相关标准规范的规定。设计方案内容包括水源情况简述（包括自备水源和市政给水管网）、供水方式、给水系统分类及组合情况、分质供水的情况、当水量水压不满足时所采取的措施以及防止水质污染的措施等。

供水系统应保证水压稳定、可靠、高效节能。高层建筑生活给水系统应合理分区，低区应充分利用市政压力，高区采用减压分区时减压区不宜多于一区，同时可采用减压限流的节水措施。

根据用水要求的不同，给水水质应符合有关国家、行业或地方标准。生食品洗涤、烹饪、盥洗、淋浴、衣物洗涤、家具擦洗用水，其水质应符合现行标准《生活饮用水卫生标准》GB 5749、《城市供水水质标准》CJ/T 206 的要求。当采用二次供水设施保证住宅正常供水时，二次供水设施的水质卫生标准应符合现行国家标准《二次供水设施卫生规范》GB 17051 的要求。生活热水系统的水质要求与生活给水系统的水质要求相同。管道直饮水水质应满足现行行业标准《饮用净水水质标准》CJ 94 的要求。生活杂用水指用于便器冲洗、绿化浇洒、室内车库地面和室外地面冲洗用水，可使用建筑中水或市政再生水，其水质应符合国家现行标准《城市污水再生利用 城市杂用水水质》GB/T 18920、《城市污水再生利用 景观环境用水水质》GB/T 18921 和《生活杂用水水质标准》CJ/T 48 的相关要求。

管材、管道附件及设备等供水设施的选取和运行不应对供水造成二次污染。有直饮水时，直饮水应采用独立的循环管网供水，并设置安全报警装置。

各供水系统应保证以足够的水量和水压向所有用户不间断地供应符合卫生要求的用水。

（2）建筑排水系统设计方案首先要符合国家相关标准规范的规定。设计方案内容包括现有排水条件、排水系统的选择及排水体制、污废水排水量等。

应设有完善的污水收集和污水排放等设施。经技术经济分析合理时，可考虑污废水的回收再利用，自行设置完善的污水收集和处理设施。优质杂排水的再生利用可以有效地减少市政供水量和污水排放量。

对已有雨污分流排水系统的城市或区域，室外排水系统应实行雨污分流，杜绝雨污混流。雨污水收集、处理及排放系统不应对周围人和环境产生负面影响。

5 采用节水器具、设备和系统

水资源利用方案中应说明设计采用的节水器具、高效节水设备和相关的技术措施等，并应注明节水性能和用水效率等级等相关参数要求。所有项目均应采用节水器具。

6 非传统水源利用方案

对雨水、再生水及海水等水资源利用的技术经济可行性应在统筹考虑当地政府相关政策、规定等的基础上进行分析和研究，进行水量平衡计算，确定雨水、再生水及海水等水资源的利用方法、规模、处理工艺流程等。

多雨地区应根据当地的降雨与水资源等条件，因地制宜地加强雨水利用。降雨量相对较少且季节性差异较大的地区，应慎重研究是否设置雨水收集系统（若设置，应使其规模合理），避免投资效益低下。

内陆缺水地区可加强再生水利用。淡水资源丰富地区可不强制实施污水再生利用。

7 《民用建筑节水设计规范》GB 50555-2010 中强制性条文第4.1.5条规定"景观用水水源不得采用市政自来水和地下水"。全文强制标准《住宅建筑规范》GB 50368-2005 第4.4.3条规定"人工景观水体的补充水严禁使用自来水"。因此，景观水体补水不能采用市政供水和自备地下水井供水。设有水景的项目，水体的补水只能使用非传统水源，或在取得当地相关主管部门的许可后，利用临近的河水、湖水。

采用雨水和建筑中水作为水源时，水景规模应根据设计可收集利用的雨水或中水量确定。需要进行全年逐月水量平衡分析计算，以确定适宜的水景规模，并进行适应不同季节的水景设计。

【具体评价方式】

本条适用于各类民用建筑的设计、运行评价。

设计评价查阅水资源利用方案，核查其在给排水专业、景观专业相关设计文件（含设计说明、施工图、计算书）中的落实情况。

运行评价查阅水资源利用方案、方案落实涉及的给排水专业、景观专业相关竣工图、产品说明书，查阅运行数据报告，并现场核查。

6.1.2 给排水系统设置应合理、完善、安全。

【条文说明扩展】

本细则6.1.1中列出了给排水系统设计方案的原则和要求。

使用非传统水源时，应采取用水安全保障措施，且不得对人体健康与周围环境产生不良影响。非传统水源一般用于生活杂用水，包括绿化灌溉、道路冲洗、水景补水、冲厕、冷却塔补水等，不同使用用途的用水应达到相应的水质标准。例如，用于冲厕、绿化灌溉、洗车、道路浇洒时应符合《城市污水再生利用 城市杂用水水质》GB/T 18920 的要求，用于景观用水时应符合《城市污水再生利用 景观环境用水水质》GB/T 18921 的要求，用于冷却塔补水时应符合《采暖空调系统水质》GB/T 29044 的要求。

雨水、再生水等非传统水源在储存、输配等过程中要有足够的消毒杀菌能力，且水质不会被污染，以保障水质安全。供水系统应设有备用水源、溢流装置及相关切换设施等，以保障水量安全。雨水、再生水在处理、储存、输配等环节中要采取安全防护和监（检）测控制措施，应符合《污水再生利用工程设计规范》GB 50335 及《建筑中水设计规范》GB 50336 的相关规定和要求，以保证雨水、再生水在处理、储存、输配和使用过程中的卫生安全，不对人体健康和周围环境产生影响。利用海水时，由于海水盐分含量较高，应考虑管材和设备的防腐问题，以及使用后排放问题。设置景观水体的，在水景规划及设计时应考虑到补水及水质保障问题，将水景设计和水质安全保障措施结合起来。

设置完善的污水收集和污水排放等设施。靠近或处于市政管网服务区域的建筑，其生活污水可排入市政污水管网，由城市污水系统集中处理；远离或不能接入市政排水系统的污水，应自行设置完善的污水处理设施，单独处理（分散处理）后排放至附近受纳水体，其水质应达到国家及地方相关排放标准，并满足地方主管部门对排放的水质、水量的要求。经技术经济分析合理时，可自行设置完善的污水收集和处理设施，进行污废水的回收再利用。污水处理率和达标排放率必须达到100%。

实行雨污分流地区的项目，室外排水系统应实行雨污分流，避免雨污混流。雨污水收集、处理及排放系统不应对周围的人和环境产生负面影响。

对于生活热水系统，在选择热水供应系统时，热水用水量较小且用水点分散时，宜采用局部热水供应系统；热水用水量较大、用水点比较集中时，应采用集中热水供应系统。对集中热水供应系统，应设置完善的循环系统，保证配水点出水温度不低于45℃的时间，对于住宅不得大于15s，对于医院和旅馆等公共建筑不得大于10s。设置集中生活热水系统时，应确保冷热水系统压力平衡，或设置混水器、恒温阀、压差控制装置等。

【具体评价方式】

本条适用于各类民用建筑的设计、运行评价。

设计评价查阅给排水系统设置的相关设计文件（含设计说明、施工图、计算书）。

运行评价查阅给排水系统设置相关内容的竣工图、产品说明书、水质检测报告、运行数据报告等，并现场核查。

6.1.3 应采用节水器具。

【条文说明扩展】

项目中除特殊功能需要外，所有用水器具均应采用节水器具。节水器具应满足现行标准《节水型生活用水器具》CJ/T 164 及《节水型产品通用技术条件》GB/T 18870 的要求。由于《节水型产品通用技术条件》GB/T 18870 中未对节水型水嘴提出节水流量要求，故节水型水嘴流量只按《节水型生活用水器具》CJ/T 164 要求的节水流量进行评价。

项目选用对工作水压、流量有特殊需求的用水器具时，应说明选用该种用水器具的原因，及其工作水压和流量。

【具体评价方式】

本条适用于各类民用建筑的设计、运行评价。

设计评价查阅用水器具设置的相关设计文件、产品说明书等。

运行评价查阅用水器具设置的相关竣工图、产品说明书、产品节水性能检测报告等，并现场核查。

对于土建工程与装修工程一体化设计项目，应审查实际文件中对于节水器具选用的要求、说明、清单等；对非一体化设计项目，申报方则应提供确保业主采用节水器具的措施、方案或约定。

6.2 评 分 项

Ⅰ 节 水 系 统

6.2.1 建筑平均日用水量满足现行国家标准《民用建筑节水设计标准》GB 50555 中的节水用水定额的要求，评价总分值为 10 分，达到节水用水定额的上限值的要求，得 4 分；达到上限值与下限值的平均值要求，得 7 分；达到下限值的要求，得 10 分。

【条文说明扩展】

《民用建筑节水设计标准》GB 50555 中的节水定额是指采用节水型生活用水器具后的平均日用水定额，是考虑了建筑内所有卫生器具均采用节水器具并充分发挥节水效果的设计定额。本条采用该节水用水定额作为基准，评价建筑用水器具的使用情况和节水效果。

与用水人数相关的用水量，有条件时应采用实际用水人数计算，难以确定时可按设计人数计算。实际用水人数应由物业部门或建筑运营管理部门根据实际监测提出，或提交相关证明材料。

本条的"上限值与下限值的平均值"取国家标准《民用建筑节水设计标准》GB 50555 中上限值和下限值的算术平均值。

【具体评价方式】

本条适用于各类民用建筑的运行评价。

运行评价查阅实测用水量计量报告和建筑平均日用水量计算书。

6.2.2 采取有效措施避免管网漏损，评价总分值为 7 分，并按下列规则分别评分并累计：

1 选用密闭性能好的阀门、设备，使用耐腐蚀、耐久性能好的管材、管件，得 1 分；

2 室外埋地管道采取有效措施避免管网漏损，得 1 分；

3 设计阶段根据水平衡测试的要求安装分级计量水表；运行阶段提供用水量计量情况和管网漏损检测、整改的报告，得 5 分。

【条文说明扩展】

给水系统中使用的管材、管件，应符合有关现行产品标准的要求。对新型管材和管件应符合企业标准的要求，且应由国家认可的检测机构进行试验、论证，出具检测报告，并经有关部门或机构组织专家审定后，方可使用。

水平衡测试是对项目用水进行科学管理的有效方法，也是进一步做好城市节约用水工作的基础。通过水平衡测试，能够全面了解用水项目管网状况，各部位（单元）用水现状，画出水平衡图，依据测定的水量数据，找出水量平衡关系和合理用水程度，采取相应的措施，挖掘用水潜力，达到加强用水管理、提高合理用水水平的目的。

水平衡测试是实现最大限度地节约用水和合理用水的一项基础工作，涉及用水项目管理的各个方面，同时也表现出较强的综合性、技术性。进行水平衡测试应达到以下目标：

1 掌握项目用水现状。如水系管网分布情况，各类用水设备、设施、仪器、仪表分布及运转状态，用水总量和各用水单元之间的定量关系，获取准确的实测数据。

2 对项目用水现状进行合理化分析。依据掌握的资料和获取的数据进行计算、分析、评价有关用水技术经济指标，找出薄弱环节和节水潜力，制订出切实可行的技术、管理措施和规划。

3 找出项目用水管网和设施的泄漏点，并采取修复措施，堵塞跑冒滴漏。

4 健全项目用水三级计量仪表设置。既能保证水平衡测试量化指标的准确性，又为今后的用水计量和考核提供技术保障。

5 可以较准确地把用水指标层层分解下达到各用水单元，把计划用水纳入各级承包责任制或目标管理计划，定期考核，调动各方面的节水积极性。

6 建立用水档案。在水平衡测试工作中，搜集的有关资料，原始记录和实测数据，按照有关要求，进行处理、分析和计算，形成一套完整翔实的包括有图、表、文字材料在内的用水档案。

7 通过水平衡测试提高建筑管理人员的节水意识、节水管理水平和技术水平。

8 为制定用水定额和计划用水量指标提供较准确的基础数据。

按水平衡测试要求设置水表的关键在于分级设置计量水表、分项设置计量水表。分级越多、分项越细，水平衡测试的结果也越精确。

【具体评价方式】

本条适用于各类民用建筑的设计、运行评价。

设计评价查阅给排水专业相关设计文件（含给排水设计及施工说明、给水系统图、分级水表设置示意图等）。

运行评价查阅采取避免管网漏损措施的相关竣工图（含给排水专业竣工说明、给水系统图、分级水表设置示意图等）、用水量计量和漏损检测及整改情况的报告，并现场核查。

6.2.3 给水系统无超压出流现象，评价总分值为 8 分。用水点供水压力不大于 0.30MPa，得 3 分；不大于 0.20MPa，且不小于用水器具要求的最低工作压力，得 8 分。

【条文说明扩展】

给水系统超压出流量在使用过程中流失，未产生使用效益，却不易被人们察觉和认识，属于"隐形"水量浪费，应引起足够的重视。建筑给水系统超压出流的控制，主要体现在给水系统合理压力分区、采取减压措施等方面。

《民用建筑节水设计标准》GB 50555-2010 规定：

4.2.1 设有市政或小区给水、中水供水管网的建筑，生活给水系统应充分利用城镇供水管网的水压直接供水。

全文强制标准《住宅建筑规范》GB 50368－2005 规定：

8.2.2 生活给水系统应充分利用城镇给水管网的水压直接供水。

充分利用市政供水压力，是建筑给水的一项重要节能措施。在执行过程中需做到：掌握用水点的供水水压、水量等要求；明确用水器具、设备的水压、水量要求；设计控制超压出流的技术措施，如管网压力分区、减压阀、减压孔板等的设置。

【具体评价方式】

本条适用于各类民用建筑的设计、运行评价。

设计评价查阅给排水专业相关设计文件（含给排水设计及施工说明、给水系统图、各层用水点用水压力计算表等）。

运行评价查阅采取避免给水系统超压出流措施的相关竣工图（含给排水专业竣工说明、给水系统图、各层用水点用水压力计算表等）、产品说明书，并现场核查。

6.2.4 设置用水计量装置，评价总分值为 6 分，并按下列规则分别评分并累计：

1 按使用用途，对厨房、卫生间、空调系统、游泳池、绿化、景观等用水分别设置用水计量装置，统计用水量，得 2 分；

2 按付费或管理单元，分别设置用水计量装置，统计用水量，得 4 分。

【条文说明扩展】

对于隶属同一管理单元，但用水功能多且用水点分散、分项计量困难的项目，可只针对其主要用水部门进行分项计量，例如餐饮、办公、娱乐、商业、景观、室外绿化等，但应保证满足水平衡要求，即相邻两级水表的计量范围必须一致。

本条要求按使用用途设置用水计量装置的厨房是指餐饮厨房，不包括居住建筑户内厨房；卫生间是指所有民用建筑中的公用卫生间，不包括居住建筑户内卫生间、旅馆建筑客房卫生间。

【具体评价方式】

本条适用于各类民用建筑的设计、运行评价。

设计评价查阅涉及水表设置的给排水专业相关设计文件（含给排水设计及施工说明、给水系统图、水表设置示意图等）。

运行评价查阅体现水表设置的相关竣工图（含给排水专业竣工说明、给水系统图、水表设置示意图等）、各类用水的计量记录及统计报告，并现场核查。

6.2.5 公用浴室采取节水措施，评价总分值为 4 分，并按下列规则分别评分并累计：

1 采用带恒温控制和温度显示功能的冷热水混合淋浴器，得 2 分；

2 设置用者付费的设施，得 2 分。

【条文说明扩展】

本条第 1 款旨在减少调温时"无效冷水"流失；第 2 款旨在减少无人时"长流水"浪费。

【具体评价方式】

本条适用于设有公用浴室的建筑的设计、运行评价。无公用浴室的建筑不参评。

设计评价查阅公用浴室相关设计文件（含相关节水产品的设备材料表）。

运行评价查阅竣工说明（含相关节水产品的设备材料表）、公用浴室相关竣工图、产品说明书或产品检测报告，并现场核查。

项目内所有公用浴室内的全部淋浴器均具备恒温控制和温度显示功能或设置用者付费的设施，方可分别按本条各款得分。采用带有感应开关、延时自闭阀、脚踏式开关等无人自动关闭装置的淋浴器，也可以避免"长流水"现象的发生，可以按条文第 2 款得分。

Ⅱ 节水器具与设备

6.2.6 使用较高用水效率等级的卫生器具，评价总分值为 10 分。用水效率等级达到 3 级，得 5 分；达到 2 级，得 10 分。

【条文说明扩展】

满足现行标准《节水型生活用水器具》CJ/T 164 及《节水型产品技术条件与管理通则》GB/T 18870 要求的节水器具，其用水效率基本上能达到用水效率等级标准的三级指标，其中部分能达到二级及以上指标。

《水嘴用水效率限定值及用水效率等级》GB 25501-2010 规定了水嘴用水效率等级，在 (0.10±0.01) MPa 动压下，依据表 6.2.6-1 的水嘴流量（带附件）判定水嘴的用水效率等级。水嘴的节水评价值为用水效率等级的 2 级。

表 6.2.6-1 水嘴用水效率等级指标

用水效率等级	1 级	2 级	3 级
流量/（L/s）	0.100	0.125	0.150

《坐便器用水效率限定值及用水效率等级》GB 25502-2010 规定了坐便器用水效率等级，如表 6.2.6-2 所示。坐便器的节水评价值为用水效率等级的 2 级。

表 6.2.6-2 坐便器用水效率等级指标

用水效率等级			1 级	2 级	3 级	4 级	5 级
用水量/L	单档	平均值	4.0	5.0	6.5	7.5	9.0
	双档	大档	4.5	5.0	6.5	7.5	9.0
		小档	3.0	3.5	4.2	4.9	6.3
		平均值	3.5	4.0	5.0	5.8	7.2

《小便器用水效率限定值及用水效率等级》GB 28377-2012 规定了小便器用水效率等级，如表 6.2.6-3 所示。小便器的节水评价值为用水效率等级的 2 级。

表 6.2.6-3　小便器用水效率等级指标

用水效率等级	1 级	2 级	3 级
冲洗水量/L	2.0	3.0	4.0

《淋浴器用水效率限定值及用水效率等级》GB 28378－2012 规定了淋浴器用水效率等级，如表 6.2.6-4 所示。淋浴器的节水评价值为用水效率等级的 2 级。

表 6.2.6-4　淋浴器用水效率等级指标

用水效率等级	1 级	2 级	3 级
流量/（L/s）	0.08	0.12	0.15

《便器冲洗阀用水效率限定值及用水效率等级》GB 28379－2012 规定了便器冲洗阀用水效率等级，如表 6.2.6-5、6.2.6-6 所示。便器冲洗阀的节水评价值为用水效率等级的 2 级。

表 6.2.6-5　大便器冲洗阀用水效率等级指标

用水效率等级	1 级	2 级	3 级	4 级	5 级
冲洗水量/L	4.0	5.0	6.0	7.0	8.0

表 6.2.6-6　小便器冲洗阀用水效率等级指标

用水效率等级	1 级	2 级	3 级
冲洗水量/L	2.0	3.0	4.0

用水效率等级达到节水评价值的卫生器具具有更优的节水性能，因此本条规定按达到的用水效率等级分档评分。

【具体评价方式】

本条适用于各类民用建筑的设计、运行评价。

设计评价查阅体现节水器具选取要求的设计文件、产品说明书（含相关节水器具的性能参数要求）。

运行评价查阅体现节水器具设置的竣工图纸、竣工说明、产品说明书、产品节水性能检测报告，并现场核查。

在设计文件中要注明对卫生器具的节水要求和相应的参数或标准。今后当其他用水器具出台了相应标准时，按同样的原则进行要求。对土建装修一体化设计的项目，在施工图设计中应对节水器具的选用做出要求；对非一体化设计的项目，申报方应提供确保业主采用节水器具的措施、方案或约定。

卫生器具有用水效率相关标准的应全部采用，方可认定达标。当存在不同用水效率等级的卫生器具时，按满足最低等级的要求得分。

6.2.7　绿化灌溉采用节水灌溉方式，评价总分值为 10 分，并按下列规则评分：

1　采用节水灌溉系统，得 7 分；在此基础上设置土壤湿度感应器、雨天关闭装置等节水控制措施，再得 3 分。

2 种植无需永久灌溉植物，得 10 分。

【条文说明扩展】

传统的绿化浇灌多采用直接浇灌（漫灌）方式，不但会浪费大量的水，还会出现跑水现象，使水流到人行道、街道或车行道上，影响周边环境。传统灌溉过程中的水量浪费主要是由四个方面导致：高水压导致的雾化；土壤密实、坡度和过量灌溉所导致的径流损失；天气和季节变化导致的过量灌溉；不同植物种类和环境条件差异所导致的过量灌溉。

绿化灌溉应采用喷灌、微灌、渗灌、低压管灌等节水灌溉方式，同时还可采用湿度传感器或根据气候变化进行调节的调节控制器。当采用再生水灌溉时，因水中微生物通过喷灌在空气中极易传播，应避免采用喷灌方式。

微灌包括滴灌、微喷灌、涌流灌和地下渗灌，是通过低压管道和滴头或其他灌水器，以持续、均匀和受控的方式向植物根系输送所需水分的灌溉方式。微灌比地面漫灌省水 50％～70％，比喷灌省水 15％～20％。其中微喷灌射程较近，一般在 5m 以内，喷水量为 200L/h～400L/h。微灌的灌水器孔径很小，易堵塞。微灌的用水一般都应进行净化处理，先经过沉淀除去大颗粒泥沙，再进行过滤，除去细小颗粒的杂质等，特殊情况下还需进行化学处理。

土壤湿度感应器可以有效测量土壤容积含水量，使灌溉系统能够根据植物的需要启动或关闭，防止过旱或过涝情况的出现。雨天关闭装置可以使灌溉系统在雨天自动关闭。

【具体评价方式】

本条适用于各类民用建筑的设计、运行评价。

当 90％以上的绿化面积采用了高效节水灌溉方式或节水控制措施时，方可判定本条得 7 分；当 50％以上的绿化面积采用了无需永久灌溉植物，且其余部分绿化采用了节水灌溉方式时，方可判定本条得 10 分。当选用无需永久灌溉植物时，施工图、竣工图中应提供植物配置表，并说明是否属于无需永久灌溉植物；申报方应提供当地植物名录，说明所选植物的耐旱性能。

设计评价查阅绿化灌溉相关设计图纸（含给排水设计及施工说明、景观设计说明、室外给排水平面图、绿化灌溉平面图、相关节水灌溉产品的设备材料表等）、景观设计图纸（含苗木表、当地植物名录等）、节水灌溉产品说明书。

运行评价查阅绿化灌溉相关竣工图纸（含给排水专业竣工说明、景观专业竣工说明、室外给排水平面图、绿化灌溉平面图、相关节水灌溉产品的设备材料表等）、节水灌溉产品说明书，并进行现场核查。现场核查包括实地检查节水灌溉设施的使用情况、查阅绿化灌溉用水制度和计量报告。

6.2.8 空调设备或系统采用节水冷却技术，评价总分值为 10 分，并按下列规则评分：

1 循环冷却水系统设置水处理措施；采取加大集水盘、设置平衡管或平衡水箱的方式，避免冷却水泵停泵时冷却水溢出，得 6 分；

2 运行时，冷却塔的蒸发耗水量占冷却水补水量的比例不低于 80％，得 10 分；

3 采用无蒸发耗水量的冷却技术，得10分。

【条文说明扩展】

1 开式循环冷却水系统或闭式冷却塔的喷淋水系统，仅通过排污和补水改善水质，耗水量大，不符合节水原则。应优先采用物理和化学手段，设置水处理装置（例如化学加药装置）改善水质，减少排污耗水量。

2 水在不同的饱和温度下蒸发所吸收的蒸发潜热是不同的，或者说一定的冷凝热在不同的饱和蒸发温度下所需要蒸发的水量是不同的。空调冷却水的蒸发温度多在20℃～30℃之间变化。水在20℃饱和温度下的蒸发潜热是2453.48kJ/kg，在30℃饱和温度下的蒸发潜热是2429.80kJ/kg，二者之差不超过1%。这样的差别在工程用水量的计算中可以忽略。

水冷制冷机组的冷凝排热通过蒸发传热和接触传热两种形式排到大气，在不同季节两者的作用有所不同。冬季气温低，接触传热量可占50%以上，甚至达70%以上，接触传热不耗水；夏季气温高，接触传热量小，蒸发传热占主要地位，其传热量可占总传热量的80%～90%，蒸发传热需要耗水，绝大部分耗水以水分蒸发的形式散到大气中。

实际运行时，在蒸发传热占主导的季节中，开式冷却水系统或闭式冷却塔的喷淋水系统的实际补水量大于蒸发耗水量的部分，主要由冷却塔飘水、排污和溢水等因素造成。蒸发耗水量所占的比例越高，不必要的耗水量越低，系统也就越节水。在接触传热占主导的季节中，由于较大一部分排热实际上是由接触传热作用实现的，通过不耗水的接触传热排出冷凝热也可达到节水的目的。

对于开式冷却塔系统，不考虑不耗水的接触传热作用，假设建筑全年冷凝排热均为蒸发传热作用的结果，通过建筑全年冷凝排热量可计算出排出冷凝热所需要的理论蒸发耗水量。开式冷却系统年排出冷凝热所需的蒸发耗水量由系统年冷凝排热量及水的汽化热决定，在系统确定的情况下是一个固定值。应满足蒸发耗水量占冷却水补水量的比例不低于80%，这通常可以通过采取技术措施减少系统排污量、飘水量等其他不必要的耗水量来实现。

设有喷淋水系统的闭式冷却塔系统在全年运行中，存在着"闭式"和"开式"两种工作状态。通常状态下，闭式冷却塔系统通过接触传热排出冷凝热，不耗水；部分高温时段，闭式冷却塔系统开启喷淋水系统，同开式冷却塔一样，蒸发传热占主要地位，需要补水。

对于闭式冷却系统，也可以将全年的冷凝排热换算成理论蒸发耗水量。在系统确定的情况下，理论蒸发耗水量为定值。理论蒸发耗水量与系统年冷却补水量的比值越大，证明喷淋水系统节水效率越高或运行时间越短，需要的补水量越小。因此，对于设有喷淋水系统的闭式冷却塔系统，同开式冷却塔一样，满足蒸发耗水量占冷却水补水量的比例不低于80%时，本条第2款可以得分。

设有喷淋水系统的闭式冷却塔系统，在全年运行中只有部分时段开启喷淋水系统，故其冷却补水量一般均小于开式冷却塔系统，甚至冷却水补水量可以小于蒸发耗水量，更容易满足本条第2项的要求。喷淋水系统年开启时间很少的闭式冷却塔系统，蒸发耗水量占冷却水补水量的比例可能超过100%，甚至更高。

【具体评价方式】

本条适用于设置集中空调的各类民用建筑的设计、运行评价。不设置空调设备或系统的项目，本条不参评；如采用分体空调、多联机等无需冷却水的空调系统，本条直接得10分。第1、2、3款得分不累加。第2款仅适用于运行评价。整个项目的所有空调设备或系统均无蒸发耗水量时，本条第3款方可得分。

设计评价查阅给排水专业、暖通专业空调冷却系统相关设计文件、计算书、产品说明书。

运行评价查阅给排水专业、暖通专业空调冷却系统相关竣工图纸、设计说明、产品说明，查阅冷却水系统的运行数据、蒸发量、冷却水补水量的用水计量报告和计算书，并现场核查。

6.2.9 除卫生器具、绿化灌溉和冷却塔外的其他用水采用节水技术或措施，评价总分值为5分。其他用水中采用节水技术或措施的比例达到50%，得3分；达到80%，得5分。

【条文说明扩展】

除卫生器具、绿化灌溉和冷却塔以外的其他用水也应采用节水技术和措施，如车库和道路冲洗采用节水高压水枪等。本条按采用节水技术和措施的其他用水量占总的其他用水量的比例进行分档评分。

【具体评价方式】

本条适用于各类民用建筑的设计、运行评价。

设计评价查阅项目参评本条的节水技术或措施相关设计文件、计算书、产品说明书。

运行评价查阅项目参评本条的节水技术或措施相关竣工图纸、设计说明、产品说明，查阅水表计量报告，并现场核查。现场核查包括实地检查设备的运行情况。

Ⅲ 非传统水源利用

6.2.10 合理使用非传统水源，评价总分值为15分，并按下列规则评分：

1 住宅、办公、商店、旅馆类建筑：根据其按下列公式计算的非传统水源利用率，或者其非传统水源利用措施，按表6.2.10的规则评分。

$$R_u = \frac{W_u}{W_t} \times 100\% \qquad (6.2.10\text{-}1)$$

$$W_u = W_R + W_r + W_s + W_o \qquad (6.2.10\text{-}2)$$

式中：R_u——非传统水源利用率，%；

W_u——非传统水源设计使用量（设计阶段）或实际使用量（运行阶段），m^3/a；

W_R——再生水设计利用量（设计阶段）或实际利用量（运行阶段），m^3/a；

W_r——雨水设计利用量（设计阶段）或实际利用量（运行阶段），m^3/a；

W_s——海水设计利用量（设计阶段）或实际利用量（运行阶段），m^3/a；

W_o——其他非传统水源利用量（设计阶段）或实际利用量（运行阶段），m^3/a；

W_t——设计用水总量（设计阶段）或实际用水总量（运行阶段），m^3/a。

注：式中设计使用量为年用水量，由平均日用水量和用水时间计算得出。实际使用量应通过统计全年水表计量的情况计算得出。式中用水量计算不包含冷却水补水量和室外景观水体补水量。

表 6.2.10 非传统水源利用率评分规则

建筑类型	非传统水源利用率		非传统水源利用措施				得分
	有市政再生水供应	无市政再生水供应	室内冲厕	室外绿化灌溉	道路浇洒	洗车用水	
住宅	8.0%	4.0%	—	●○	●	●	5 分
	—	8.0%	—	○	○	○	7 分
	30.0%	30.0%	●○	●○	●○	●○	15 分
办公	10.0%	—	—	●	●	●	5 分
	—	8.0%	—	●	●	●	10 分
	50.0%	10.0%	—	●○	●	●	15 分
商店	3.0%	—	—	●	●	●	2 分
	—	2.5%	—	○	—	—	10 分
	50.0%	3.0%	●	●○	●○	●○	15 分
旅馆	2.0%	—	—	●	●	●	2 分
	—	1.0%	—	—	—	—	10 分
	12.0%	2.0%	●	●○	●○	●○	15 分

注："●"为有市政再生水供应时的要求；"○"为无市政再生水供应时的要求。

2 其他类型建筑：按下列规则分别评分并累计。

1） 绿化灌溉、道路冲洗、洗车用水采用非传统水源的用水量占其总用水量的比例不低于 80%，得 7 分；

2） 冲厕采用非传统水源的用水量占其总用水量的比例不低于 50%，得 8 分。

【条文说明扩展】

评分时，既可根据表中的非传统水源利用率来评分，也可根据表中的非传统水源利用措施来评分；按措施评分时，非传统水源利用应具有较好的经济效益和生态效益，至少应保证 60％以上的用水量采用非传统水源。

对于包含住宅、办公、商店、旅馆等不同功能区域的综合性建筑，各功能区域按相应建筑类型参评。按非传统水源利用率评价时可按各自用水量的权重，采用加权法计算非传统水源利用率的要求及得分；按措施评价时按用水量比例最高的建筑类型的要求执行。

在根据标准所列公式计算时，需注意：各项非传统水源的设计利用量均为年用水量，应由平均日用水量和用水时间计算得出，取值详见《民用建筑节水设计标准》GB 50555；运行阶段，各项的实际利用量则应通过统计全年水表计量的情况计算得出。

非传统水源利用率应在水量平衡的基础上计算，并考虑全年的水量变化，当可提供的某项非传统水源水量大于用水需求量时，该项设计利用量应取为用水需求量；当可提供的某项非传统水源水量小于用水需求量时，该项设计利用量方才是可提供的非传统水源水量。

【具体评价方式】

本条适用于各类民用建筑的设计、运行评价。住宅、办公、商店、旅馆类建筑参评第 1 款，除养老院、幼儿园、医院之外的其他建筑参评第 2 款。养老院、幼儿园、医院类建筑本条不参评。项目周边无市政再生水利用条件，且建筑可回用水量小于 $100m^3/d$ 时，本条不参评。

设计评价查阅非传统水源利用的相关设计文件（包含给排水设计及施工说明、非传统水源利用系统图及平面图、机房详图等）、当地相关主管部门的许可、非传统水源利用计算书。

运行评价查阅非传统水源利用的相关竣工图纸（包含给排水专业竣工说明、非传统水源利用系统图及平面图、机房详图等），查阅用水计量记录、计算书及统计报告、非传统水源水质检测报告，并现场核查。

6.2.11 冷却水补水使用非传统水源，评价总分值为 8 分，根据冷却水补水使用非传统水源的量占总用水量的比例按表 6.2.11 的规则评分。

表 6.2.11　冷却水补水使用非传统水源的评分规则

冷却水补水使用非传统水源的量占总用水量比例 R_{nt}	得分
$10\% \leqslant R_{nt} < 30\%$	4
$30\% \leqslant R_{nt} < 50\%$	6
$R_{nt} \geqslant 50\%$	8

【条文说明扩展】

《民用建筑节水设计标准》GB 50555-2010 第 4.3.1 条规定冷却水"宜优先使用雨水等非传统水源"。雨水的水质要优于生活污废水，处理成本较低，管理相对简单，故有条件时宜优先使用雨水。

雨水、再生水等非传统水源，只要其水质能够满足《采暖空调系统水质》GB/T 29044 中规定的空调冷却水的水质要求，均可以替代自来水作为冷却水补水水源。

本条冷却水的补水量以年补水量计。设计阶段冷却塔的年补水量计算可按照《民用建筑节水设计标准》GB 50555－2010 第 3.1.4 条规定执行。

【具体评价方式】

本条适用于各类民用建筑的设计、运行评价。没有冷却水补水系统的建筑，本条得 8 分。

设计评价查阅给排水专业、暖通专业冷却水补水相关设计文件、冷却水补水量及非传统水源利用的水量平衡计算书。

运行评价查阅给排水专业、暖通专业冷却水补水相关竣工图纸、计算书，查阅用水计量记录、计算书及统计报告、非传统水源水质检测报告，并现场核查。

6.2.12 结合雨水利用设施进行景观水体设计，景观水体利用雨水的补水量大于其水体蒸发量的 60%，且采用生态水处理技术保障水体水质，评价总分值为 7 分，并按下列规则分别评分并累计：

    1 对进入景观水体的雨水采取控制面源污染的措施，得 4 分；

    2 利用水生动、植物进行水体净化，得 3 分。

【条文说明扩展】

应在景观专项设计前落实项目所在地逐月降雨量、水面蒸发量等必需的基础气象资料数据。应编制全年逐月水量计算表，对可回用雨水量和景观水体所需补水量进行全年逐月水平衡分析。

景观水体的补充水水质应符合现行国家标准《城市污水再生利用 景观环境用水水质》GB/T 18921 的要求。景观水体的水质保障应采用生态水处理技术，合理控制雨水面源污染。在雨水进入景观水体之前设置前置塘、缓冲带等前处理设施，或将屋面和道路雨水接入绿地，经绿地、植草沟等处理后再进入景观水体，有效控制雨水面源污染。本标准第 4.2.13 条及其说明中列出了一些控制雨水面源污染的措施。景观水体应采用非硬质池底及生态驳岸，为水生动植物提供栖息条件，并通过水生动植物对水体进行净化；必要时可采取其他辅助手段对水体进行净化，确保水质安全。

【具体评价方式】

本条适用于各类民用建筑的设计、运行评价。不设景观水体的项目，本条直接得 7 分。景观水体的补水没有利用雨水或雨水利用量不满足要求时，本条不得分。

设计评价查阅景观水体相关设计文件（含给排水设计及施工说明、室外给排水平面图、景观设计说明、景观给排水平面图、水景详图等）、水量平衡计算书。

运行评价查阅景观水体相关竣工图纸（含给排水专业竣工说明、室外给排水平面图、景观专业竣工说明、景观给排水平面图、水景详图等）、计算书，查阅景观水体补水的用水计量记录及统计报告、景观水体水质检测报告，并现场核查。

6

7 节材与材料资源利用

7.1 控 制 项

7.1.1 不得采用国家和地方禁止和限制使用的建筑材料及制品。

【条文说明扩展】

本条用于约束建筑工程项目不得采用国家和地方主管部门禁止和限制使用的建筑材料及制品。

目前住房和城乡建设部及地方主管部门发布了《关于发布墙体保温系统与墙体材料推广应用和限制、禁止使用技术的公告》(住房和城乡建设部公告第 1338 号)、《建设部关于发布建设事业"十一五"推广应用和限制禁止使用技术(第一批)的公告》(建设部公告第 659 号)、《关于发布〈北京市推广、限制和禁止使用建筑材料目录(2010 年版)〉的通知》、《北京市住房和城乡建设委员会、北京市规划委员会关于发布〈北京市推广、限制、禁止使用的建筑材料目录管理办法〉的通知》(京建材〔2009〕344 号)、《关于公布〈上海市禁止或者限制生产和使用的用于建设工程的材料目录〉(第三批)的通知》(沪建交〔2008〕1044 号)、《关于发布〈江苏省建设领域"十二五"推广应用新技术和限制、禁止使用落后技术目录〉(第一批)的公告》(江苏省住房和城乡建设厅第 204 号公告)等文件。

国家现行相关标准也对该内容进行了规定,包括:

《民用建筑绿色设计规范》JGJ/T 229-2010 规定:

7.1.2 严禁采用高耗能、污染超标及国家和地方限制使用或淘汰的材料。

《民用建筑工程室内环境污染控制规范》GB 50325-2010 规定:

4.3.1 民用建筑工程室内不得使用国家禁止使用、限制使用的建筑材料。

《建筑装饰装修工程质量验收规范》GB 50210-2001 规定:

3.2.1 严禁使用国家明令淘汰的材料。

【具体评价方式】

本条适用于各类民用建筑的设计、运行评价。

设计评价:对照国家和当地有关主管部门向社会公布的限制、禁止使用的建材及制品目录,查阅设计说明和材料清单,审查是否采用了禁止和限制使用的建筑材料及制品。

运行评价:在设计评价方法之外,查阅工程材料决算清单,审查是否采用了禁止和限制使用的建筑材料及制品。

7.1.2 混凝土结构中梁、柱纵向受力普通钢筋应采用不低于 400MPa 级的热轧带肋钢筋。

【条文说明扩展】

400MPa级及以上的热轧带肋钢筋，具有强度高、综合性能优的特点。在绿色建筑中推广采用高强钢筋，是加快转变经济发展方式的有效途径，是建设资源节约型、环境友好型社会的重要举措，对推动钢铁工业和建筑业结构调整、转型升级具有重大意义。

本条具体要求引自国家标准《混凝土结构设计规范》GB 50010－2010第4.2.1条第2款的规定："梁、柱纵向受力普通钢筋应采用HRB400、HRB500、HRBF400、HRBF500钢筋"。本条针对的是对混凝土结构中梁、柱纵向受力普通钢筋，不涉及混凝土结构中的其他构件。

【具体评价方式】

本条适用于混凝土结构的各类民用建筑的设计、运行评价。钢结构、砌体结构、木结构等其他结构建筑不参评。

设计评价：查阅结构专业施工图（包括结构设计总说明、梁配筋图及柱配筋图），对设计选用的梁、柱纵向受力普通钢筋牌号和规格进行核查。

运行评价：查阅竣工图（包括结构设计总说明、梁配筋图及柱配筋图），对实际选用的梁、柱纵向受力普通钢筋牌号和规格进行核查。

7.1.3 建筑造型要素应简约，且无大量装饰性构件。

【条文说明扩展】

本条主要引导在建筑设计时应尽可能考虑装饰性构件兼具功能性，尽量避免设计纯装饰性构件，造成建筑材料的浪费。对纯装饰性构件，应对其造价占单栋建筑总造价的比例进行控制。单栋建筑总造价系指该建筑的土建、安装工程总造价，不包括征地等其他费用。

没有功能作用的纯装饰性构件应用，归纳为如下几种常见情况：

1 不具备遮阳、导光、导风、载物、辅助绿化等作用的飘板、格栅和构架等作为构成要素在建筑中大量使用。

2 单纯为追求标志性效果在屋顶等处设立塔、球、曲面等异型构件。

3 女儿墙高度超过标准要求2倍以上。

【具体评价方式】

本条适用于各类民用建筑的设计、运行评价。

针对居住建筑和公共建筑的具体要求分别是：

居住建筑：纯装饰性构件造价不高于所在单栋建筑总造价的2%；

公共建筑：纯装饰性构件造价不高于所在单栋建筑总造价的5‰。

评价时，对有功能作用的装饰性构件应由申报方提供功能说明书。对有纯装饰性构件的项目应以单栋建筑为单元进行造价比例核算，各单栋建筑均应符合上述造价比例要求。对于地下室相连接而地上部分分开的项目可按照申报主体进行整体计算，可不以地上单栋建筑为单元。

设计评价：查阅建筑、结构设计说明及图纸，有功能作用的装饰性构件的功能说明书，建筑工程造价预算表，纯装饰性构件造价占单栋建筑总造价比例计算书，审查纯装饰性构件造价占单栋建筑总造价比例及其合理性。

运行阶段：查阅建筑、结构竣工图，建筑工程造价决算表，造价比例计算书，审查造价比例及其合理性，并进行现场核查。

7.2 评 分 项

Ⅰ 节 材 设 计

7.2.1 择优选用建筑形体，评价总分值为 9 分。根据国家标准《建筑抗震设计规范》GB 50011‐2010 规定的建筑形体规则性评分，建筑形体不规则，得 3 分；建筑形体规则，得 9 分。

【条文说明扩展】

结构材料用量占建筑总材料用量的比重较大。在满足安全和设计要求的前提下，节约结构材料的用量对于建筑节材的贡献也较大。

建筑形体指建筑平面形状和立面、竖向剖面的变化。建筑形体的规则性根据国家标准《建筑抗震设计规范》GB 50011‐2010 的有关规定一般划分为：规则、不规则、特别不规则、严重不规则。

国家标准《建筑抗震设计规范》GB 50011‐2010 规定：

3.4.1 建筑设计应根据抗震概念设计的要求明确建筑形体的规则性。不规则的建筑应按规定采取加强措施；特别不规则的建筑应进行专门研究和论证，采取特别的加强措施；严重不规则的建筑不应采用。

注：形体指建筑平面形状和立面、竖向剖面的变化。

3.4.3 建筑形体及其构件布置的平面、竖向不规则性，应按下列要求划分：

1 混凝土房屋、钢结构房屋和钢‐混凝土混合结构房屋存在表 3.4.3‐1 所列举的某项平面不规则类型或表 3.4.3‐2 所列举的某项竖向不规则类型以及类似的不规则类型，应属于不规则的建筑。

表 3.4.3-1 平面不规则的主要类型

不规则类型	定义和参考指标
扭转不规则	在规定的水平力作用下，楼层的最大弹性水平位移或（层间位移），大于该楼层两端弹性水平位移（或层间位移）平均值的 1.2 倍
凹凸不规则	平面凹进的尺寸，大于相应投影方向总尺寸的 30%
楼板局部不连续	楼板的尺寸和平面刚度急剧变化，例如，有效楼板宽度小于该层楼板典型宽度的 50%，或开洞面积大于该层楼面面积的 30%，或较大的楼层错层

表 3.4.3-2 竖向不规则的主要类型

不规则类型	定义和参考指标
侧向刚度不规则	该层的侧向刚度小于相邻上一层的 70%，或小于其上相邻三个楼层侧向刚度平均值的 80%；除顶层或出屋面小建筑外，局部收进的水平向尺寸大于相邻下一层的 25%

续表 3.4.3-2

不规则类型	定义和参考指标
竖向抗侧力构件不连续	竖向抗侧力构件（柱、抗震墙、抗震支撑）的内力由水平转换构件（梁、桁架等）向下传递
楼层承载力突变	抗侧力结构的层间受剪承载力小于相邻上一楼层的 80%

2 砌体房屋、单层工业厂房、单层空旷房屋、大跨屋盖建筑和地下建筑的平面和竖向不规则性的划分，应符合本规范有关章节的规定。

3 当存在多项不规则或某项不规则超过规定的参考指标较多时，应属于特别不规则的建筑。

为实现相同的抗震设防目标，形体不规则的建筑，要比形体规则的建筑耗费更多的结构材料。因此，本条引导绿色建筑项目择优选用较为规则的建筑形体，减少结构材料用量。

【具体评价方式】

本条适用于各类民用建筑的设计、运行评价。

建筑形体的规则性应由设计单位按照国家标准《建筑抗震设计规范》GB 50011 - 2010 的有关规定，经计算后进行判定，并提供建筑形体规则性判定报告。对形体规则和不规则的建筑，可按照本条规定给予相应的分值；对形体特别不规则和严重不规则的建筑，本条不应得分。

设计评价：查阅建筑、结构专业施工图纸、建筑形体规则性判定报告，审查建筑形体的规则性及其判定的合理性。

运行评价：查阅建筑、结构专业竣工图纸、建筑形体规则性判定报告，审查建筑形体的规则性及其判定的合理性，并现场核查。

7.2.2 对地基基础、结构体系、结构构件进行优化设计，达到节材效果。评价分值为 5 分。

【条文说明扩展】

结构优化设计是指结构专业根据国家现行相关标准，结合建筑的地质条件、建筑功能、抗震设防烈度、施工工艺等方面，从地基基础方案、结构主体方案和结构构件选型三方面着手，以节约材料和保护环境为目标，进行充分的比选论证，最终给出安全、经济、适用的结构方案。

国家现行相关标准的规定有：

国家标准《建筑地基基础设计规范》GB 50007 - 2011 规定：

1.0.3 地基基础设计，应坚持因地制宜、就地取材、保护环境和节约资源的原则；根据岩土工程勘察资料，综合考虑结构类型、材料情况与施工条件等因素，精心设计。

国家标准《混凝土结构设计规范》GB 50010 - 2010 规定：

3.2.4 混凝土结构设计应符合节省材料、方便施工、降低能耗与保护环境的要求。

行业标准《高层建筑混凝土结构技术规程》JGJ 3 - 2010 规定：

7

1.0.4 高层建筑结构应注重概念设计，重视结构的选型和平面、立面布置的规则性，加强构造措施，择优选用抗震和抗风性能好且经济合理的结构体系。

行业标准《高层民用建筑钢结构技术规程》JGJ 99-98规定：

1.0.3 高层建筑钢结构的设计，应根据高层建筑的特点，综合考虑建筑的使用功能、荷载性质、材料供应、制作安装、施工条件等因素，合理选择结构型式，对结构选型、构造和节点设计，应择优选用抗震和抗风性能好且又经济合理的结构体系和平立面布置。

【具体评价方式】

本条适用于各类民用建筑的设计、运行评价。

本条评价时，应重点从节材的角度判断优化的措施和效果的合理性，并针对地基基础、结构体系、结构构件三方面进行全面评价。

设计评价：查阅建筑图、地基基础施工图、结构施工图、地基基础方案论证报告、结构体系节材优化设计书和结构构件节材优化设计书。

对于地基基础方案论证报告，主要审查地基基础方案的论证报告中措施和效果的合理性，是否充分考虑项目主体结构特点、场地情况，因地制宜地对项目可选用的各种地基基础方案进行比选（从天然地基、复合地基到桩基础等）及定性（必要时进行定量）论证，最终选用材料用量少，施工对环境影响小的地基基础方案。

对于结构体系节材优化论证书，主要审查结构体系节材优化文件中对结构体系的比选论证过程和结论，是否充分考虑建筑层数和高度、平立面情况、柱网大小、荷载大小等因素，对项目可选用的各种结构体系进行定性（必要时进行定量）比选论证，并最终选用材料用量少，施工对环境影响小的结构体系。

对于结构构件节材优化论证书，主要审查结构优化文件中对结构构件节材优化措施的合理性及效果，是否充分考虑建筑功能，柱网跨度、荷载大小等因素，分别对墙、柱（如混凝土柱或钢骨混凝土柱等）、楼盖体系（梁板式楼盖或无梁楼盖）、梁（如混凝土梁或预应力梁等）、板（如普通楼板或空心楼盖）的形式进行节材定性（必要时进行定量）比选，并最终选用材料用量少，施工对环境影响小的结构构件形式。

运行评价：除设计评价方法外，查阅结构专业竣工图，并现场核查。

7.2.3 土建工程与装修工程一体化设计，评价总分值为10分，并按下列规则评分：

1 住宅建筑土建与装修一体化设计的户数比例达到30%，得6分；达到100%，得10分。

2 公共建筑公共部位土建与装修一体化设计，得6分；所有部位均土建与装修一体化设计，得10分。

【条文说明扩展】

土建工程与装修工程一体化设计是指土建设计与装修设计同步有序进行，即装修专业与土建的建筑、结构、给排水、暖通、电气等专业，共同完成从方案到施工图的工作，使土建与装修紧密结合，做到无缝对接。土建和装修一体化设计，要求对土建设计和装修设计统一协调，在土建设计时考虑装修设计需求，事先进行孔洞预留和装修面层固定件的预埋，避免在装修时对已有建筑构件打凿、穿孔。这样既可减少设计的反复，又可保证结构的安全，减少材料消耗，并降低装修成本。

当前也有较多项目采用先完成施工图设计，然后在此基础上进行装修设计，并对已完成的施工图进行适当的调整，最终用以指导施工的设计方式。这样方式适用于未来需求未定或设计周期及施工周期较为紧张的项目，相比土建工程与装修工程一体化设计，会产生因装修设计对施工图的调整而产生材料、人力的浪费。因此，这种方式不应认定为土建与装修一体化设计。

【具体评价方式】

本条适用于各类民用建筑的设计、运行评价。

住宅建筑是指以"户"为基本居住单位的居住建筑。对于福利院、疗养院等无基本居住单元的特殊类型居住建筑，可参照对公共建筑的要求执行。评价指标为进行土建工程与装修工程一体化设计的户数与总户数的比值，当比值达到30%时，本条得6分；达到100%，本条得10分。

公共建筑的公共部位包括楼梯、电梯、卫生间、大厅、中庭、货运通道、车库等部位。公共部位均采用土建工程与装修工程一体化设计，本条得6分；公共建筑含公共部位在内的所有部位均采用土建工程与装修工程一体化设计，本条得10分。

混合功能建筑，应分别对其住宅建筑部分和公共建筑部分进行评价，本条得分值取两者的平均值；评价对象为住宅建筑群时，按土建装修一体化设计的户数与住宅建筑群总户数的比例进行评分。

设计评价：查阅土建、装修各专业施工图及有关证明材料。

运行评价：查阅土建、装修各专业竣工图及有关证明材料。

7.2.4 公共建筑中可变换功能的室内空间采用可重复使用的隔断（墙），评价总分值为5分，根据可重复使用隔断（墙）比例按表7.2.4的规则评分。

表7.2.4 可重复使用隔断（墙）比例评分规则

可重复使用隔断（墙）比例 R_{rp}	得分
30%≤R_{rp}<50%	3
50%≤R_{rp}<80%	4
R_{rp}≥80%	5

【条文说明扩展】

本条主要针对办公楼、商店等具有可变换功能空间的建筑类型进行评价。

除走廊、楼梯、电梯井、卫生间、设备机房、公共管井以外的地上室内空间均应视为"可变换功能的室内空间"，有特殊隔声、防护及特殊工艺需求的空间不计入。此外，作为商业、办公用途的地下空间也应视为"可变换功能的室内空间"，其他用途的地下空间可不计入。

"可重复使用的隔断（墙）"在拆除过程中应基本不影响与之相接的其他隔墙，拆卸后可进行再次利用，如大开间敞开式办公空间内的玻璃隔断（墙）、预制隔断（墙）、特殊节点设计的可分段拆除的轻钢龙骨水泥板或石膏板隔断（墙）和木隔断（墙）等。

【具体评价方式】

本条适用于公共建筑的设计、运行评价。

本条中"可重复使用隔断（墙）比例"为：实际采用的可重复使用隔断（墙）围合的建筑面积与建筑中可变换功能的室内空间的面积的比值。可重复使用的隔断（墙）的判定关键点在于其具备可拆卸节点，在拆除过程中基本不影响与之相接的其他隔墙，并且拆卸后可进行再次利用。

设计评价：查阅建筑、结构、装修施工图纸，可重复使用隔断（墙）的设计使用比例计算书；审核其计算合理性和具体的使用比例。对于后期出租或出售型项目，应结合出租或出售后的隔断设计情况或设置保障计划进行评价。

运行评价：查阅建筑、结构、装修竣工图纸，可重复使用隔断（墙）的实际使用比例计算书；审核其计算合理性和具体的使用比例，并进行现场核查。

7.2.5 采用工业化生产的预制构件，评价总分值为 5 分，根据预制构件用量比例按表 7.2.5 的规则评分。

表 7.2.5　预制构件用量比例评分规则

预制构件用量比例 R_{pc}	得分
$15\% \leqslant R_{pc} < 30\%$	3
$30\% \leqslant R_{pc} < 50\%$	4
$R_{pc} \geqslant 50\%$	5

【条文说明扩展】

《国务院办公厅关于转发发展改革委住房城乡建设部绿色建筑行动方案的通知》（国办发〔2013〕1 号）提出"住房城乡建设等部门要加快建立促进建筑工业化的设计、施工、部品生产等环节的标准体系，推动结构件、部品、部件的标准化，丰富标准件的种类，提高通用性和可置换性。推广适合工业化生产的预制装配式混凝土、钢结构等建筑体系，加快发展建设工程的预制和装配技术，提高建筑工业化技术集成水平。支持集设计、生产、施工于一体的工业化基地建设，开展工业化建筑示范试点。积极推行住宅全装修，鼓励新建住宅一次装修到位或菜单式装修，促进个性化装修和产业化装修相统一。"

本条的预制构件是指在工厂或现场采用工业化方式生产制造的各种结构构件和非结构构件，如预制梁、预制柱、预制墙板、预制楼面板、预制阳台板、预制楼梯、雨棚、栏杆等。

【具体评价方式】

本条适用于各类民用建筑的设计、运行评价。对于钢结构、木结构建筑，本条直接得5 分；对于砌体结构建筑，本条不参评。

本条对建筑采用预制构件的用量比例进行分档评分。预制构件用量比例 R_{pc} 的计算公式如下：

$$R_{pc} = [各类预制构件重量之和/建筑地上部分重量] \times 100\%$$

公式分母中的建筑地上部分重量仅针对建筑地上主体的土建部分，不包含装饰面层、设备系统等。

设计评价：查阅建筑图、结构施工图、工程材料用量概预算清单、预制构件用量比例计算书，审查用量比例及其计算。

运行评价：查阅建筑图、结构竣工图、工程材料用量决算清单、预制构件用量比例计算书，审查用量比例及其计算。

7.2.6 采用整体化定型设计的厨房、卫浴间，评价总分值为 6 分，并按下列规则分别评分并累计：

1 采用整体化定型设计的厨房，得 3 分；

2 采用整体化定型设计的卫浴间，得 3 分。

【条文说明扩展】

在装修设计方案中，采用整体化定型设计的厨房、卫浴间，不仅可以满足不同客户的个性化、差异化需求，而且可以减少居住建筑及旅馆、饭店建筑室内装饰装修大部分的工作量，减少现场作业等造成的材料浪费、粉尘和噪声等污染，有利于建筑全装修和产业化的推广。

【具体评价方式】

本条适用于居住建筑和旅馆、饭店建筑的设计、运行评价。对旅馆建筑，本条第 1 款可不参评。

设计评价：查阅建筑图、装修设计图和设计说明、选用产品清单或有关证明材料。

运行评价：查阅建筑图、装修竣工图和设计说明、选用产品清单、施工记录、现场照片。

对于卫浴间，天花板、墙面、地面以及各类卫浴器具均进行了整体集成并可一次性安装到位时，可视为满足整体化定型设计要求。对于厨房，在考虑建筑功能及使用对象的前提下，对各类炊具设备进行整体集成，并对天花板、墙面、地面等进行模数化设计或整体集成，可视为满足整体化定型设计要求。

Ⅱ 材 料 选 用

7.2.7 选用本地生产的建筑材料，评价总分值为 10 分，根据施工现场 500km 以内生产的建筑材料重量占建筑材料总重量的比例按表 7.2.7 的规则评分。

表 7.2.7 本地生产建筑材料评分规则

施工现场 500km 以内生产的建筑材料重量占建筑材料总重量的比例 R_{lm}	得分
$60\% \leqslant R_{lm} < 70\%$	6
$70\% \leqslant R_{lm} < 90\%$	8
$R_{lm} \geqslant 90\%$	10

【条文说明扩展】

运输距离是指建筑材料的最后一个生产工厂或场地到施工现场的距离。本条取运输距离 500km 作为评价基准，并根据施工现场 500km 以内生产的建筑材料重量占建筑材料总重量的比例分档评分。当该比例低于 60% 时，本条不得分。

【具体评价方式】

本条适用于各类民用建筑的运行评价。

运行评价：查阅建筑材料进场记录、工程材料决算清单、本地生产建筑材料使用比例计算书，审查其计算合理性及使用比例。

7.2.8 现浇混凝土采用预拌混凝土，评价分值为 10 分。

【条文说明扩展】

预拌混凝土产品性能稳定，易于保证工程质量，且采用预拌混凝土能够减少施工现场噪声和粉尘污染，节约资源，减少材料损耗。我国大力提倡和推广使用预拌混凝土，其应用技术已较为成熟。

项目采用的预拌混凝土应符合现行国家标准《预拌混凝土》GB/T 14902 的规定。

【具体评价方式】

本条适用于各类民用建筑的设计、运行评价。若距施工现场 50km 范围内没有预拌混凝土供应，本条不参评。这主要是为了降低预拌混凝土拌合物工作性控制难度，一般在 1 小时左右即可由混凝土搅拌站运到施工现场，混凝土拌合物工作性 1 小时的工作性控制难度相对较低，比较容易实现。

设计评价：查阅结构施工图及设计说明，审查项目设计中采用预拌混凝土的证明材料。

运行评价：查阅结构竣工图及设计说明，预拌混凝土用量清单、购销合同等证明材料。

7.2.9 建筑砂浆采用预拌砂浆，评价总分值为 5 分。建筑砂浆采用预拌砂浆的比例达到 50%，得 3 分；达到 100%，得 5 分。

【条文说明扩展】

本条所指的预拌砂浆包括湿拌砂浆和干混砂浆。湿拌砂浆指水泥、细骨料、矿物掺合料、外加剂、添加剂和水，按一定比例，在搅拌站经计量、拌制后，运至使用地点，并在规定时间内使用的拌合物。干混砂浆指水泥、干燥骨料或粉料、添加剂以及根据性能确定的其他组分，按一定比例，在专业生产厂经计量、混合而成的混合物，在使用地点按规定比例加水或配套组成拌合使用。

项目采用的预拌砂浆应符合现行标准《预拌砂浆》GB/T 25181 及《预拌砂浆应用技术规程》JGJ/T 223 的规定。

【具体评价方式】

本条适用于各类民用建筑的设计、运行评价。若距施工现场 500km 范围内没有干混砂浆供应且 50km 范围内没有湿拌砂浆供应，本条不参评。

本条根据预拌砂浆用量比例分档评分。预拌砂浆用量比例按照其重量的比例进行计算，如预拌砂浆采用干混砂浆，则在计算预拌砂浆或总砂浆的重量时，均需将干混砂浆的重量折算成砂浆的重量。当预拌砂浆用量比例低于 50% 时，本条不得分。

设计评价：查阅相关施工图及设计说明，审查项目设计中采用预拌砂浆的证明材料及其用量比例。

运行评价：查阅相关竣工图及设计说明，预拌砂浆用量清单、购销合同等证明文件，审查预拌砂浆用量比例。

7.2.10 合理采用高强建筑结构材料，评价总分值为 10 分，并按下列规则评分：

1 混凝土结构：

1） 根据 400MPa 级及以上受力普通钢筋的比例，按表 7.2.10 的规则评分，最高得 10 分。

表 7.2.10 400MPa 级及以上受力普通钢筋评分规则

400MPa 级及以上受力普通钢筋比例 R_{sb}	得分
$30\% \leqslant R_{sb} < 50\%$	4
$50\% \leqslant R_{sb} < 70\%$	6
$70\% \leqslant R_{sb} < 85\%$	8
$R_{sb} \geqslant 85\%$	10

2） 混凝土竖向承重结构采用强度等级不小于 C50 混凝土用量占竖向承重结构中混凝土总量的比例达到 50%，得 10 分。

2 钢结构：Q345 及以上高强钢材用量占钢材总量的比例达到 50%，得 8 分；达到 70%，得 10 分。

3 混合结构：对其混凝土结构部分和钢结构部分，分别按本条第 1 款和第 2 款进行评价，得分取两项得分的平均值。

【条文说明扩展】

本条所涉及的高强建筑结构材料主要包括高强钢筋、高强混凝土、高强钢材等。400MPa 级及以上钢筋包括 HRB400、HRB500、HRBF400、HRBF500 等钢筋。

本条中的混合结构系指由钢框架或型钢（钢管）混凝土框架与钢筋混凝土筒体所组成的共同承受竖向和水平作用的高层建筑结构。

【具体评价方式】

本条适用于各类民用建筑的设计、运行评价。砌体结构、木结构建筑不参评。

本条三款分别对混凝土结构、钢结构、混合结构进行评分，各款分值均为 10 分，评价时按材料结构类型对应的款评价。其中，第 1 款又分二项分别对钢筋、混凝土进行评价，每项最高得分均为 10 分，取较高得分作为该款得分。

设计评价：查阅建筑及结构施工图纸、高强度材料用量比例计算书，审核高强材料的计算合理性及设计用量比例。对混凝土结构，需提供混凝土竖向承重结构中高强混凝土的使用比例计算书、高强钢筋的使用比例计算书。对于钢结构，需提供高强度钢的使用比例计算书。对于钢混结构，需提供高强钢筋、高强混凝土和高强度钢的比例计算书。

运行评价：查阅结构竣工图、高强度材料用量比例计算书，材料决算清单中有关钢材、钢筋、混凝土的使用情况，高强材料性能检测报告，并审查其计算合理性及实际用量比例。

7.2.11 合理采用高耐久性建筑结构材料，评价分值为5分。对混凝土结构，其中高耐久性混凝土用量占混凝土总量的比例达到50%；对钢结构，采用耐候结构钢或耐候型防腐涂料。

【条文说明扩展】

本条中所指的高耐久性混凝土，系指按现行行业标准《混凝土耐久性检验评定标准》JGJ/T 193进行检测，抗硫酸盐侵蚀性能达到KS90级，抗氯离子渗透、抗碳化及早期抗裂性能均达到Ⅲ级、不低于现行国家标准《混凝土结构耐久性设计规范》GB/T 50476中50年设计寿命要求的混凝土。对于严寒及寒冷地区，还要求抗冻性能至少达到F250级。

行业标准《混凝土耐久性检验评定标准》JGJ/T 193-2009规定：

3.0.1 混凝土抗冻性能、抗水渗透性能和抗硫酸盐侵蚀性能的等级划分应符合表3.0.1的规定。

表3.0.1 混凝土抗冻性能、抗水渗透性能和抗硫酸盐侵蚀性能的等级划分

抗冻等级（快冻法）	抗冻标号（慢冻法）	抗渗等级	抗硫酸盐等级
F50	F250	D50	P4	KS30
F100	F300	D100	P6	KS60
F150	F350	D150	P8	KS90
F200	F400	D200	P10	KS120
>F400		>D200	P12	KS150
			>P12	>KS150

3.0.2 混凝土抗氯离子渗透性能的等级划分应符合下列规定：

1 当采用氯离子迁移系数（RCM法）划分混凝土抗氯离子渗透性能等级时，应符合表3.0.2-1的规定，且混凝土测试龄期应为84d。

表3.0.2-1 混凝土抗氯离子渗透性能的等级划分（RCM法）

等级	RCM-Ⅰ	RCM-Ⅱ	RCM-Ⅲ	RCM-Ⅳ	RCM-Ⅴ
氯离子迁移系数 D_{RCM}（RCM法）（$\times 10^{-12}\mathrm{m^2/s}$）	$D_{RCM} \geqslant 4.5$	$3.5 \leqslant D_{RCM} < 4.5$	$2.5 \leqslant D_{RCM} < 3.5$	$1.5 \leqslant D_{RCM} < 2.5$	$D_{RCM} < 1.5$

2 当采用电通量划分混凝土抗氯离子渗透性能等级时，应符合表3.0.2-2的规定，且混凝土测试龄期宜为28d。当混凝土中水泥混合材与矿物掺合料之和超过胶凝材料用量的50%时，测试龄期可为56d。

表3.0.2-2 混凝土抗氯离子渗透性能的等级划分（电通量法）

等级	Q-Ⅰ	Q-Ⅱ	Q-Ⅲ	Q-Ⅳ	Q-Ⅴ
电通量 Q_s（C）	$Q_s \geqslant 4000$	$2000 \leqslant Q_s < 4000$	$1000 \leqslant Q_s < 2000$	$500 \leqslant Q_s < 1000$	$Q_s < 500$

3.0.3 混凝土抗碳化性能的等级划分应符合表3.0.3的规定。

表3.0.3 混凝土抗碳化性能的等级划分

等级	T-Ⅰ	T-Ⅱ	T-Ⅲ	T-Ⅳ	T-Ⅴ
碳化深度 d（mm）	$d \geqslant 30$	$20 \leqslant d < 30$	$10 \leqslant d < 20$	$0.1 \leqslant d < 10$	$d < 0.1$

3.0.4 混凝土早期抗裂性能的等级划分应符合表3.0.4的规定。

表3.0.4 混凝土早期抗裂性能的等级划分

等级	L-Ⅰ	L-Ⅱ	L-Ⅲ	L-Ⅳ	L-Ⅴ
单位面积上的总开裂面积 c（mm²/m²）	$c \geqslant 1000$	$700 \leqslant c < 1000$	$400 \leqslant c < 700$	$100 \leqslant c < 400$	$c < 100$

3.0.5 混凝土耐久性检验项目的试验方法应符合现行国家标准《普通混凝土长期性能和耐久性能试验方法标准》GB/T 50082的规定。

本条中的耐候结构钢须符合现行国家标准《耐候结构钢》GB/T 4171的要求；耐候型防腐涂料须符合现行行业标准《建筑用钢结构防腐涂料》JG/T 224中Ⅱ型面漆和长效型底漆的要求。

【具体评价方式】

本条适用于各类混凝土结构、钢结构民用建筑的设计、运行评价。砌体结构、木结构建筑不参评。

设计评价：查阅建筑图、结构施工图及设计说明、高耐久性混凝土用量比例计算书。设计说明中应明确采用高耐久性建筑结构材料及其性能要求。审查高耐久性混凝土用量比例及其计算，审查钢结构的耐久性措施。

运行评价：查阅建筑图、结构竣工图及设计说明、高耐久性混凝土用量比例计算书，材料决算清单中高耐久性建筑结构材料的使用情况，高耐久性混凝土、耐候结构钢或耐候型防腐涂料检测报告，并审查其计算合理性及实际用量比例。

7.2.12 采用可再利用材料和可再循环材料，评价总分值为10分，并按下列规则评分：

1 住宅建筑中的可再利用材料和可再循环材料用量比例达到6%，得8分；达到10%，得10分；

2 公共建筑中的可再利用材料和可再循环材料用量比例达到10%，得8分；达到15%，得10分。

【条文说明扩展】

可再利用材料是指不改变物质形态可直接再利用的，或经过组合、修复后可直接再利用的材料，即基本不改变旧建筑材料或制品的原貌，仅对其进行适当清洁或修整等简单工序后经过性能检测合格，直接回用于建筑工程的建筑材料。可再利用建筑材料一般是指制品、部品或型材形式的建筑材料。

可再循环材料是指通过改变物质形态可实现循环利用的材料，如难以直接回用的钢筋、玻璃等，可以回炉再生产。可再循环材料主要包括金属材料（钢材、铜等）、玻璃、铝合金型材、石膏制品、木材。

有的建筑材料则既可以直接再利用又可以回炉后再循环利用，例如标准尺寸的钢结构型材等。

以上各类材料均可纳入本条"可再利用材料和可再循环材料用量"范畴，但同种建材不重复计算。

【具体评价方式】

本条适用于各类民用建筑的设计、运行评价。

设计评价：查阅工程概预算材料清单、可再利用材料和可再循环材料用量比例计算书，以及各种建筑材料的使用部位及使用量一览表。每个强度等级的混凝土视为一种建筑材料，即 C30 混凝土、C40 混凝土视为两种建筑材料。

运行评价：查阅工程决算材料清单、相应的产品检测报告、可再利用材料和可再循环材料用量比例计算书，并审查其计算合理性及实际用量比例。

7.2.13 使用以废弃物为原料生产的建筑材料，评价总分值为 5 分，并按下列规则评分：

1 采用一种以废弃物为原料生产的建筑材料，其占同类建材的用量比例达到 30%，得 3 分；达到 50%，得 5 分。

2 采用两种及以上以废弃物为原料生产的建筑材料，每一种用量比例均达到 30%，得 5 分。

【条文说明扩展】

废弃物是指在生产建设、日常生活和其他社会活动中产生的，在一定时间和空间范围内基本或者完全失去原有使用功能，无法直接回收和利用的排放物。

废弃物主要包括建筑废弃物、工业废弃物和生活废弃物，可作为原材料用于生产建材产品。在满足使用性能的前提下，鼓励使用和利用建筑废弃物再生骨料制作的混凝土砌块、水泥制品和配制再生混凝土；鼓励使用和利用工业废弃物、农作物秸秆、建筑垃圾、淤泥为原料制作的水泥、混凝土、墙体材料、保温材料等建筑材料。例如，建筑中使用石膏砌块作内隔墙材料，其中以工业副产品石膏（脱硫石膏、磷石膏等）制作的工业副产品石膏砌块。鼓励使用生活废弃物经处理后制成满足相应的国家和行业标准要求的建筑材料。工业废弃物在水泥中作为调凝剂应用。经脱水处理的脱硫石膏、磷石膏等替代天然石膏生产水泥。粒化高炉矿渣、粉煤灰、火山灰质混合材料，以及固硫灰渣、油母页岩灰渣等固体废弃物活性高，可作为水泥的混合材料。

建筑工程中使用以废弃物为原料生产的建筑材料，其废弃物掺量（重量比）应不低于生产该建筑材料全部原材料重量的 30%。为保证废弃物使用量达到一定要求，本条还要求以废弃物为原料生产的建筑材料用量占同类建筑材料的比例不小于 30%，并应满足相应的国家和行业标准的要求方能使用。本条鼓励提高废弃物建材的使用比例，并按使用比例评分。

【具体评价方式】

本条适用于各类民用建筑的运行评价。

运行评价：查阅工程决算材料清单、以废弃物为原料生产的建筑材料检测报告、废弃物建材资源综合利用认定证书等证明材料，审查以废弃物为原料生产的建筑材料用量比例及建材中废弃物的掺量。

7.2.14 合理采用耐久性好、易维护的装饰装修建筑材料，评价总分值为5分，并按下列规则分别评分并累计：

1 合理采用清水混凝土，得2分；

2 采用耐久性好、易维护的外立面材料，得2分；

3 采用耐久性好、易维护的室内装饰装修材料，得1分。

【条文说明扩展】

在满足设计要求的前提下，在内外墙等主要外露部位合理使用清水混凝土，可减少装饰面层的材料使用，节约材料用量。同时使用清水混凝土对于减轻建筑自重有重要意义，是重要的节材途径。

【具体评价方式】

本条适用于各类民用建筑的运行评价。如果设计中内外墙等主要外露部位没有采用混凝土，则第1款不参评。如果内外墙等主要外露部位采用了其他简洁装饰方式，其技术经济效果类似于清水混凝土，且附详细的书面分析说明，经专家评审认可后，第1款也可得分。

运行评价：查阅建筑图、装饰装修竣工图、材料决算清单、材料检测报告或有关证明材料，并现场核查。

对耐久性好、易维护的建筑外立面材料和室内装饰装修材料，应提供相关材料证明所采用材料的耐久性。

8 室内环境质量

8.1 控 制 项

8.1.1 主要功能房间的室内噪声级应满足现行国家标准《民用建筑隔声设计规范》GB 50118 中的低限要求。

【条文说明扩展】

根据国家标准《民用建筑隔声设计规范》GB 50118 - 2010 中的规定，汇总各类建筑主要功能房间室内允许噪声级的要求见表 8-1。住宅、办公、商业、医院建筑主要功能房间的噪声级限值，应分别与《民用建筑隔声设计规范》GB 50118 中不同类型建筑涉及房间的要求——对应；其余类型民用建筑，可参照相近功能类型的要求进行评价。对于公共建筑如办公建筑中的大空间、开放办公空间等噪声级没有明确要求的空间类型，不作要求。

表 8-1 室内允许噪声级

建筑类型	房间名称	允许噪声级（A 声级，dB）	
		低限要求	高标准要求
住宅建筑	卧室	≤45（昼）/ ≤37（夜）	≤40（昼）/ ≤30（夜）
	起居室（厅）	≤45	≤40
学校建筑	语音教室、阅览室	≤40	≤35
	普通教室、实验室、计算机房	≤45	≤40
	音乐教室、琴房	≤45	≤40
	舞蹈教室	≤50	≤45
	教师办公室、休息室、会议室	≤45	≤40
	健身房	≤50	—
	教学楼中封闭的走廊、楼梯间	≤50	
医院建筑	病房、医护人员休息室	≤45（昼）/ ≤40（夜）	≤40（昼）/ ≤35（夜）注1
	各类重症监护室	≤45（昼）/ ≤40（夜）	≤40（昼）/ ≤35（夜）
	诊室	≤45	≤40
	手术室、分娩室	≤45	≤40
	洁净手术室	≤50	—

续表 8-1

建筑类型	房间名称	允许噪声级（A声级，dB）	
		低限要求	高标准要求
医院建筑	人工生殖中心净化区	≤40	—
	听力测听室	≤25^{注2}	—
	化验室、分析实验室	≤40	—
	入口大厅、候诊厅	≤55	≤50
旅馆建筑	客房	≤45（昼）/ ≤40（夜）	≤35（昼）/ ≤30（夜）
	办公室、会议室	≤45	≤40
	多用途厅	≤50	≤40
	餐厅、宴会厅	≤55	≤45
办公建筑	单人办公室	≤40	≤35
	多人办公室	≤45	≤40
	电视电话会议室	≤40	≤35
	普通会议室	≤45	≤40
商业建筑	商店、购物中心、会展中心	≤55	≤50
	餐厅	≤55	≤45
	员工休息室	≤45	≤40
	走廊	≤60	≤50

注：1　对特殊要求的病房，室内允许噪声级应小于或等于30dB；
　　2　适用于采用纯音气导和骨导听阈测听法的听力测听室，采用声场测听法的听力测听室另有规定。

【具体评价方式】

本条适用于各类民用建筑的设计、运行评价。

设计评价查阅建筑设计平面图，审核基于环评报告室外噪声要求对室内的背景噪声影响（也包括室内噪声源影响）的分析报告以及在图纸上的落实情况，及可能有的声环境专项设计报告。

运行评价在设计评价的基础上，还应审核典型时间、主要功能房间的室内噪声检测报告。

8.1.2　主要功能房间的外墙、隔墙、楼板和门窗的隔声性能应满足现行国家标准《民用建筑隔声设计规范》GB 50118 中的低限要求。

【条文说明扩展】

根据国家标准《民用建筑隔声设计规范》GB 50118－2010 中的规定，汇总各类建筑构件及相邻房间之间的隔声性能要求见表 8-2、表 8-3。在《民用建筑隔声设计规范》GB 50118－2010 中，除旅馆建筑外的其他各类建筑的外墙、门窗隔声标准只有一个级别，因此进行评价时将该级别视为低限标准（高要求标准按比低限标准高 5dB 执行）；对于商业建筑，《民用建筑隔声设计规范》GB 50118－2010 仅对部分类型的隔墙、楼板隔声性能

8

有要求，对外墙、门和窗的空气声隔声性能无标准要求，故可仅按表中规定进行评价，对其他建筑构件不作规定（若无相应的构件，则不参评）。对于《民用建筑隔声设计规范》GB 50118-2010 没有涉及的建筑类型的围护结构构件隔声性能，可参照相近功能类型的要求进行评价。对于公共建筑如办公建筑中的大空间、开放办公空间等的围护结构隔声性能没有明确要求的空间，不做要求。

表 8-2 围护结构空气声隔声标准

建筑类型	构件/房间名称		空气声隔声单值评价量＋频谱修正量（dB）	
			低限要求	高标准要求
住宅建筑	分户墙、分户楼板	计权隔声量＋粉红噪声频谱修正量 R_w+C	≥45	＞50
	户（套）门		≥25	≥30
	户内卧室墙		≥35	—
	户内其他分室墙		≥30	
	分隔住宅和非居住用途空间的楼板	计权隔声量＋交通噪声频谱修正量 R_w+C_{tr}	＞51	—
	交通干线两侧卧室、起居室（厅）的窗		≥30	≥35
	其他窗		≥25	≥30
	外墙		≥45	≥50
	卧室、起居室（厅）与邻户房间之间	计权标准化声压级差＋粉红噪声频谱修正量 $D_{nT,w}+C$	≥45	≥50
	住宅和非居住用途空间分隔楼板上下的房间之间	计权标准化声压级差＋交通噪声频谱修正量 $D_{nT,w}+C_{tr}$	≥51	—
学校建筑[注1]	语音教室、阅览室的隔墙与楼板	计权隔声量＋粉红噪声频谱修正量 R_w+C	＞50	—
	普通教室与各种产生噪声的房间之间的隔墙、楼板		＞50	—
	普通教室之间的隔墙与楼板		≥45	＞50
	音乐教室、琴房之间的隔墙与楼板		≥45	＞50
	产生噪声房间的门		≥25	≥30
	其他门		≥20	≥25
	外墙	计权隔声量＋交通噪声频谱修正量 R_w+C_{tr}	≥45	≥50
	邻交通干线的外窗		≥30	≥35
	其他外窗		≥25	≥30
	语音教室、阅览室与相邻房间之间	计权标准化声压级差＋粉红噪声频谱修正量 $D_{nT,w}+C$	≥50	—
	普通教室与各种产生噪声的房间之间		≥50	—
	普通教室之间		≥45	≥50
	音乐教室、琴房之间		≥45	≥50

续表 8-2

建筑类型	构件/房间名称	空气声隔声单值评价量＋频谱修正量（dB）		
			低限要求	高标准要求
医院建筑	病房之间及病房、手术室与普通房间之间的隔墙、楼板	计权隔声量＋粉红噪声频谱修正量 R_w+C	＞45	＞50
	诊室之间的隔墙、楼板		＞40	＞45
	听力测听室的隔墙、楼板		＞50	—
	门		≥30（听力测听室）/ ≥20（其他）	≥35（听力测听室）/ —（其他）
	病房与产生噪声的房间之间的隔墙、楼板	计权隔声量＋交通噪声频谱修正量 R_w+C_{tr}	＞50	＞55
	手术室与产生噪声的房间之间的隔墙、楼板		＞45	＞50
	体外震波碎石室、核磁共振室的隔墙、楼板		＞50	—
	外墙		≥45	≥50
	外窗		≥30（临街一侧病房）/ ≥25（其他）	≥35（临街一侧病房）/ ≥30（其他）
	病房之间及病房、手术室与普通房间之间	计权标准化声压级差＋粉红噪声频谱修正量 $D_{nT,w}+C$	≥45	≥50
	诊室之间		≥40	≥45
	听力测听室与毗邻房间之间		≥50	—
	病房与产生噪声的房间之间	计权标准化声压级差＋交通噪声频谱修正量 $D_{nT,w}+C_{tr}$	≥50	≥55
	手术室与产生噪声的房间之间		≥45	≥50
	体外震波碎石室、核磁共振室与毗邻房间之间		≥50	—
旅馆建筑	客房之间的隔墙、楼板	计权隔声量＋粉红噪声频谱修正量 R_w+C	＞40	＞50
	客房与走廊之间的隔墙		＞40	＞45
	客房门		≥20	≥30
	客房外墙（含窗）	计权隔声量＋交通噪声频谱修正量 R_w+C_{tr}	＞30	＞40
	客房外窗		≥25	≥35
	客房之间	计权标准化声压级差＋粉红噪声频谱修正量 $D_{nT,w}+C$	≥40	≥50
	走廊与客房之间		≥35	≥40
	室外与客房	计权标准化声压级差＋交通噪声频谱修正量 $D_{nT,w}+C_{tr}$	≥30	≥40

8

续表 8-2

建筑类型	构件/房间名称		空气声隔声单值评价量＋频谱修正量（dB）	
			低限要求	高标准要求
办公建筑	办公室、会议室与普通房间之间的隔墙、楼板	计权隔声量＋粉红噪声频谱修正量 R_w+C	≥45	≥50
	门		≥20	≥25
	办公室、会议室与产生噪声的房间之间的隔墙、楼板	计权隔声量＋交通噪声频谱修正量 R_w+C_{tr}	≥45	≥50
	外墙		≥45	≥50
	邻交通干线的办公室、会议室外窗		≥30	≥35
	其他外窗		≥25	≥30
	办公室、会议室与普通房间之间	计权标准化声压级差＋粉红噪声频谱修正量 $D_{nT,w}+C$	≥45	≥50
	办公室、会议室与产生噪声的房间之间	计权标准化声压级差＋交通噪声频谱修正量 $D_{nT,w}+C_{tr}$	≥45	≥50
商业建筑	健身中心、娱乐场所等与噪声敏感房间之间的隔墙、楼板	计权隔声量＋交通噪声频谱修正量 R_w+C_{tr}	＞55	＞60
	购物中心、餐厅、会展中心等与噪声敏感房间之间的隔墙、楼板		＞45	＞50
	健身中心、娱乐场所等与噪声敏感房间之间	计权标准化声压级差＋交通噪声频谱修正量 $D_{nT,w}+C_{tr}$	≥55	≥60
	购物中心、餐厅、会展中心等与噪声敏感房间之间		≥45	≥50

注：产生噪声的房间系指音乐教室、舞蹈教室、琴房、健身房。

表 8-3 楼板撞击声隔声标准

建筑类型	楼板部位	撞击声隔声单值评价量（dB）		
			低限要求	高标准要求
住宅建筑	卧室、起居室的分户楼板	计权规范化撞击声压级 $L_{n,w}$（实验室测量）	＜75	＜65
		计权规范化撞击声压级 $L'_{nT,w}$（现场测量）	≤75	≤65
学校建筑	语音教室、阅览室与上层房间之间的楼板	计权规范化撞击声压级 $L_{n,w}$（实验室测量）	＜65	＜55
		计权规范化撞击声压级 $L'_{nT,w}$（现场测量）	≤65	≤55

续表 8-3

建筑类型	楼板部位	撞击声隔声单值评价量（dB）		
			低限要求	高标准要求
学校建筑	普通教室、实验室、计算机房与上层产生噪声的房间之间的楼板	计权规范化撞击声压级 $L_{n,w}$（实验室测量）	＜65	＜55
		计权规范化撞击声压级 $L'_{nT,w}$（现场测量）	≤65	≤55
	音乐教室、琴房之间的楼板	计权规范化撞击声压级 $L_{n,w}$（实验室测量）	＜65	＜55
		计权规范化撞击声压级 $L'_{nT,w}$（现场测量）	≤65	≤55
	普通教室之间的楼板	计权规范化撞击声压级 $L_{n,w}$（实验室测量）	＜75	＜65
		计权规范化撞击声压级 $L'_{nT,w}$（现场测量）	≤75	≤65
医院建筑	病房、手术室与上层房间之间的楼板	计权规范化撞击声压级 $L_{n,w}$（实验室测量）	＜75	＜65
		计权规范化撞击声压级 $L'_{nT,w}$（现场测量）	≤75	≤65
	听力测听室与上层房间之间的楼板	计权规范化撞击声压级 $L'_{nT,w}$（现场测量）	≤60	—
旅馆建筑	客房与上层房间之间的楼板	计权规范化撞击声压级 $L_{n,w}$（实验室测量）	＜75	＜55
		计权规范化撞击声压级 $L'_{nT,w}$（现场测量）	≤75	≤55
办公建筑	办公室、会议室顶部的楼板	计权规范化撞击声压级 $L_{n,w}$（实验室测量）	＜75	＜65
		计权规范化撞击声压级 $L'_{nT,w}$（现场测量）	≤75	≤65
商业建筑	健身中心、娱乐场所等与噪声敏感房间之间的楼板	计权规范化撞击声压级 $L_{n,w}$（实验室测量）	＜50	＜45
		计权规范化撞击声压级 $L'_{nT,w}$（现场测量）	≤50	≤45

【具体评价方式】

本条适用于各类民用建筑的设计、运行评价。

设计评价查阅相关设计文件（主要是围护结构的构造说明、大样图纸）、建筑构件隔声性能分析报告或建筑构件隔声性能的实验室检验报告。

运行评价在设计评价的基础上，还应查阅相关竣工图，房间之间空气声隔声性能、楼

8

板撞击声隔声性能的现场检验报告，并现场核查。

8.1.3 建筑照明数量和质量应符合现行国家标准《建筑照明设计标准》GB 50034 的规定。

【条文说明扩展】

各类民用建筑中的照度、照度均匀度、眩光值、一般显色指数等照明数量和质量指标应满足现行国家标准《建筑照明设计标准》GB 50034 第 5 章的有关规定。其中，公共建筑常用房间或场所的不舒适眩光应采用统一眩光值（UGR）评价，按《建筑照明设计标准》GB 50034 - 2013 附录 A 计算；体育场馆的不舒适眩光应采用眩光值（GR）评价，按《建筑照明设计标准》GB 50034 - 2013 附录 B 计算。

国家标准《建筑照明设计标准》GB 50034 - 2013 中第 5 章的相关规定见表 8-4 和表 8-5。

表 8-4 居住建筑照明标准值

房间或场所		参考平面及其高度	照度标准值（lx）	一般显色指数 R_a
起居室	一般活动	0.75m 水平面	100	80
	书写、阅读		300*	
卧室	一般活动	0.75m 水平面	75	80
	床头、阅读		150*	
餐厅		0.75m 餐桌面	150	80
厨房	一般活动	0.75m 水平面	100	80
	操作台	台面	150*	
卫生间		0.75m 水平面	100	80
电梯前厅		地面	75	60
走道、楼梯间		地面	50	60
车库		地面	30	60
职工宿舍*		地面	100	80
老年人卧室	一般活动	0.75m 水平面	150	80
	书写、阅读		300*	80
老年人起居室	一般活动	0.75m 水平面	200	80
	床头、阅读		500*	80
酒店式公寓		地面	150	80

注：* 指混合照明照度

表 8-5 公共建筑照明标准值

房间或场所	参考平面及其高度	照度标准值（lx）	统一眩光值 UGR	照度均匀度 U_0	一般显色指数 R_a
图书馆建筑					
一般阅览室、开放式阅览室	0.75m 水平面	300	19	0.60	80
多媒体阅览室	0.75m 水平面	300	19	0.60	80

续表 8-5

房间或场所		参考平面及其高度	照度标准值 （lx）	统一眩光值 UGR	照度均匀度 U_0	一般显色指数 R_a
老年阅览室		0.75m 水平面	500	19	0.70	80
珍善本、舆图阅览室		0.75m 水平面	500	19	0.60	80
陈列室、目录厅（室）、出纳厅		0.75m 水平面	300	19	0.60	80
档案库		0.75m 水平面	200	19	0.60	80
书库、书架		0.25m 垂直面	50	—	0.40	80
工作间		0.75m 水平面	300	19	0.60	80
采编、修复工作间		0.75m 水平面	500	19	0.60	80
办公建筑						
普通办公室		0.75m 水平面	300	19	0.60	80
高档办公室		0.75m 水平面	500	19	0.60	80
会议室		0.75m 水平面	300	19	0.60	80
视频会议室		0.75m 水平面	750	19	0.60	80
接待室、前台		0.75m 水平面	200	—	0.40	80
服务大厅、营业厅		0.75m 水平面	300	22	0.40	80
设计室		实际工作面	500	19	0.60	80
文件整理、复印、发行室		0.75m 水平面	300	—	0.40	80
资料、档案存放室		0.75m 水平面	200	—	0.40	80
商店建筑						
一般商店营业厅		0.75m 水平面	300	22	0.60	80
一般室内商业街		地 面	200	22	0.60	80
高档商店营业厅		0.75m 水平面	500	22	0.60	80
高档室内商业街		地 面	300	22	0.60	80
一般超市营业厅		0.75m 水平面	300	22	0.60	80
高档超市营业厅		0.75m 水平面	500	22	0.60	80
仓储式超市		0.75m 水平面	300	22	0.60	80
专卖店营业厅		0.75m 水平面	300	22	0.60	80
农贸市场		0.75m 水平面	200	25	0.40	80
收款台		台 面	500*	—	0.60	80
观演建筑						
门 厅		地 面	200	22	0.40	80
观众厅	影 院	0.75m 水平面	100	22	0.40	80
	剧场、音乐厅	0.75m 水平面	150	22	0.40	80
观众休息厅	影 院	地 面	150	22	0.40	80
	剧场、音乐厅	地 面	200	22	0.40	80
排演厅		地 面	300	22	0.60	80

8

续表 8-5

房间或场所		参考平面及其高度	照度标准值（lx）	统一眩光值 UGR	照度均匀度 U_0	一般显色指数 R_a
化妆室	一般活动区	0.75m 水平面	150	22	0.60	80
	化妆台	1.1m 高处垂直面	500*	—	—	90
旅馆建筑						
客房	一般活动区	0.75m 水平面	75	—	—	80
	床头	0.75m 水平面	150	—	—	80
	写字台	台面	300*	—	—	80
	卫生间	0.75m 水平面	150	—	—	80
中餐厅		0.75m 水平面	200	22	0.60	80
西餐厅		0.75m 水平面	150	—	0.60	80
酒吧间、咖啡厅		0.75m 水平面	75	—	0.40	80
多功能厅、宴会厅		0.75m 水平面	300	22	0.60	80
会议室		0.75m 水平面	300	19	0.60	80
大堂		地面	200	—	0.40	80
总服务台		台面	300*	—	—	80
休息厅		地面	200	22	0.40	80
客房层走廊		地面	50	—	0.40	80
厨房		台面	500*	—	0.70	80
游泳池		水面	200	22	0.60	80
健身房		0.75m 水平面	200	22	0.60	80
洗衣房		0.75m 水平面	200	—	0.40	80
医疗建筑						
治疗室、检查室		0.75m 水平面	300	19	0.70	80
化验室		0.75m 水平面	500	19	0.70	80
手术室		0.75m 水平面	750	19	0.70	90
诊室		0.75m 水平面	300	19	0.60	80
候诊室、挂号厅		0.75m 水平面	200	22	0.40	80
病房		地面	100	19	0.60	80
走道		地面	100	19	0.60	80
护士站		0.75m 水平面	300	—	0.60	80
药房		0.75m 水平面	500	19	0.60	80
重症监护室		0.75m 水平面	300	19	0.60	90
教育建筑						
教室、阅览室		课桌面	300	19	0.60	80
实验室		实验桌面	300	19	0.60	80
美术教室		桌面	500	19	0.60	90
多媒体教室		0.75m 水平面	300	19	0.60	80

续表 8-5

房间或场所	参考平面及其高度	照度标准值（lx）	统一眩光值 UGR	照度均匀度 U_0	一般显色指数 R_a
电子信息机房	0.75m 水平面	500	19	0.60	80
计算机教室、电子阅览室	0.75m 水平面	500	19	0.60	80
楼梯间	地 面	100	22	0.40	80
教室黑板	黑板面	500*	—	0.70	80
学生宿舍	地 面	150	22	0.40	80
美术馆建筑					
会议报告厅	0.75m 水平面	300	22	0.60	80
休息厅	0.75m 水平面	150	22	0.40	80
美术品售卖	0.75m 水平面	300	19	0.60	80
公共大厅	地 面	200	22	0.40	80
绘画展厅	地 面	100	19	0.60	80
雕塑展厅	地 面	150	19	0.60	80
藏画库	地 面	150	22	0.60	80
藏画修理	0.75m 水平面	500	19	0.70	90
科技馆建筑					
科普教室、实验区	0.75m 水平面	300	19	0.60	80
会议报告厅	0.75m 水平面	300	22	0.60	80
纪念品售卖区	0.75m 水平面	300	22	0.60	80
儿童乐园	地 面	300	22	0.60	80
公共大厅	地 面	200	22	0.40	80
球幕、巨幕、3D、4D 影院	地 面	100	19	0.40	80
常设展厅	地 面	200	22	0.60	80
临时展厅	地 面	200	22	0.60	80
博物馆建筑					
门 厅	地 面	200	22	0.40	80
序 厅	地 面	100	22	0.40	80
会议报告厅	0.75m 水平面	300	22	0.60	80
美术制作室	0.75m 水平面	500	22	0.60	90
编目室	0.75m 水平面	300	22	0.60	80
摄影室	0.75m 水平面	100	22	0.60	80
熏蒸室	实际工作面	150	22	0.60	80
实验室	实际工作面	300	22	0.60	80
保护修复室	实际工作面	750*	19	0.70	90
文物复制室	实际工作面	750*	19	0.70	90
标本制作室	实际工作面	750*	19	0.70	90
周转库房	地 面	50	22	0.40	80

续表 8-5

房间或场所		参考平面及其高度	照度标准值 （lx）	统一眩光值 UGR	照度均匀度 U_0	一般显色指数 R_a
藏品库房		地面	75	22	0.40	80
藏品提看室		0.75m 水平面	150	22	0.60	80
会展建筑						
会议室、洽谈室		0.75m 水平面	300	19	0.60	80
宴会厅		0.75m 水平面	300	22	0.60	80
多功能厅		0.75m 水平面	300	22	0.60	80
公共大厅		地面	200	22	0.40	80
一般展厅		地面	200	22	0.60	80
高档展厅		地面	300	22	0.60	80
交通建筑						
售票台		台面	500*	—	—	80
问讯处		0.75m 水平面	200	—	0.60	80
候车（机、船）室	普通	地面	150	22	0.40	80
	高档	地面	200	22	0.60	80
贵宾室休息室		0.75m 水平面	300	22	0.60	80
中央大厅、售票大厅		地面	200	22	0.40	80
海关、护照检查		工作面	500	—	0.70	80
安全检查		地面	300	—	0.60	80
换票、行李托运		0.75m 水平面	300	19	0.60	80
行李认领、到达大厅、出发大厅		地面	200	22	0.40	80
通道、连接区、扶梯、换乘厅		地面	150	—	0.40	80
有棚站台		地面	75	—	0.60	60
无棚站台		地面	50	—	0.40	20
走廊、楼梯、平台、流动区域	普通	地面	75	25	0.40	60
	高档	地面	150	25	0.60	80
地铁站厅	普通	地面	100	25	0.60	80
	高档	地面	200	22	0.60	80
地铁进出站门厅	普通	地面	150	25	0.60	80
	高档	地面	200	22	0.60	80
金融建筑						
营业大厅		地面	200	22	0.60	80
营业柜台		台面	500	—	0.60	80
客户服务中心	普通	0.75m 水平面	200	22	0.60	60
	贵宾室	0.75m 水平面	300	22	0.60	80
交易大厅		0.75m 水平面	300	22	0.60	80
数据中心主机房		0.75m 水平面	500	19	0.60	80

续表 8-5

房间或场所		参考平面及其高度	照度标准值 (lx)	统一眩光值 UGR	照度均匀度 U_0	一般显色指数 R_a
保管库		地 面	200	22	0.40	80
信用卡作业区		0.75m 水平面	300	19	0.60	80
自助银行		地 面	200	19	0.60	80
通用房间						
门 厅	普 通	地 面	100	—	0.40	60
	高 档	地 面	200	—	0.60	80
走廊、流动区域、楼梯间	普 通	地 面	50	25	0.40	60
	高 档	地 面	100	25	0.60	80
自动扶梯		地 面	150	—	0.60	60
厕所、盥洗室、浴室	普 通	地 面	75	—	0.40	60
	高 档	地 面	150	—	0.60	80
电梯前厅	普 通	地 面	100	—	0.40	60
	高 档	地 面	150	—	0.60	80
休息室		地 面	100	22	0.40	80
更衣室		地 面	150	22	0.40	80
储藏室		地 面	100	—	0.40	60
餐 厅		地 面	200	22	0.60	80
公共车库		地 面	50	—	0.60	60
公共车库检修间		地 面	200	25	0.60	80
试验室	一 般	0.75m 水平面	300	22	0.60	80
	精 细	0.75m 水平面	500	19	0.60	80
检 验	一 般	0.75m 水平面	300	22	0.60	80
	精细,有颜色要求	0.75m 水平面	750	19	0.60	80
计量室，测量室		0.75m 水平面	500	19	0.70	80
电话站、网络中心		0.75m 水平面	500	19	0.60	80
计算机站		0.75m 水平面	500	19	0.60	80
变、配电站	配电装置室	0.75m 水平面	200	—	0.60	80
	变压器室	地 面	100	—	0.60	60
电源设备室、发电机室		地 面	200	25	0.60	80
电梯机房		地 面	200	25	0.60	80
控制室	一般控制室	0.75m 水平面	300	22	0.60	80
	主控制室	0.75m 水平面	500	19	0.60	80
动力站	风机房、空调机房	地 面	100	—	0.60	60
	泵 房	地 面	100	—	0.60	60
	冷冻站	地 面	150	—	0.60	60
	压缩空气站	地 面	150	—	0.60	60
	锅炉房、煤气站的操作层	地 面	100	—	0.60	60

8

续表 8-5

房间或场所		参考平面及其高度	照度标准值（lx）	统一眩光值 UGR	照度均匀度 U_0	一般显色指数 R_a
仓库	大件库	1.0m 水平面	50	—	0.40	20
	一般件库	1.0m 水平面	100	—	0.60	60
	半成品库	1.0m 水平面	150	—	0.60	80
	精细件库	1.0m 水平面	200	—	0.60	80
车辆加油站		地面	100	—	0.60	60

【具体评价方式】

本条适用于各类民用建筑的设计、运行评价。对住宅建筑的公共部分及土建装修一体化设计的房间应满足本条要求。住宅建筑的公共部分是指门厅、电梯前厅、走道、楼梯间和车库等场所。

设计评价查阅相关照明电气和弱电设计图纸等设计文件、灯具与光源选型表、照明计算书。

运行评价查阅相关电气专业竣工图、照明计算书、灯具产品检验报告、照明现场检测报告，并现场核查。

8.1.4 采用集中供暖空调系统的建筑，房间内的温度、湿度、新风量等设计参数应符合现行国家标准《民用建筑供暖通风与空气调节设计规范》GB 50736 的规定。

【条文说明扩展】

将房间温度、湿度控制在使用要求的范围是建筑热环境设计的主要目标。新风量、温度和湿度等要素共同决定了室内热环境的质量，影响着房间的正常使用和使用者的身体健康。因此，房间的温度、湿度和新风量是否满足规范的要求是评价建筑热环境设计优劣的重要指标。

国家标准《民用建筑供暖通风与空气调节设计规范》GB 50736 - 2012 中的相关规定如下：

3.0.1 供暖室内设计温度应符合下列规定：

1 严寒和寒冷地区主要房间应采用 18℃～24℃；

2 夏热冬冷地区主要房间宜采用 16℃～22℃；

3 设置值班供暖房间不应低于 5℃。

3.0.2 舒适性空调室内设计参数应符合以下规定：

1 人员长期逗留区域空调室内设计参数应符合表 3.0.2 的规定：

表 3.0.2 人员长期逗留区域空调室内设计参数

类别	热舒适等级	温度（℃）	相对湿度（%）
供热工况	Ⅰ级	22～24	≥30
	Ⅱ级	18～22	—

续表 3.0.2

类别	热舒适等级	温度（℃）	相对湿度（%）
供冷工况	Ⅰ级	24~26	40~60
	Ⅱ级	26~28	≤70

注：1 Ⅰ级热舒适度较高，Ⅱ级热舒适度一般；

2 热舒适度等级划分按本规范第 3.0.4 条确定。

3 人员短期逗留区域空调供冷工况室内设计参数宜比长期逗留区域提高 1℃~2℃，供热工况宜降低 1℃~2℃。

3.0.5 辐射供暖室内设计温度宜降低 2℃；辐射供冷室内设计温度宜提高 0.5℃~1.5℃。

3.0.6 设计最小新风量应符合下列规定：

1 公共建筑主要房间每人所需最小新风量应符合表 3.0.6-1 规定。

表 3.0.6-1 公共建筑主要房间每人所需最小新风量 $[\mathbf{m^3/(h \cdot 人)}]$

建筑房间类型	新风量
办公室	30
客房	30
大堂、四季厅	10

2 设置新风系统的居住建筑和医院建筑，所需最小新风量宜按换气次数法确定。居住建筑换气次数宜符合表 3.0.6-2 规定，医院建筑换气次数宜符合表 3.0.6-3 规定。

表 3.0.6-2 居住建筑设计最小换气次数（h^{-1}）

人均居住面积 F_P	换气次数
$F_P \leqslant 10m^2$	0.70
$10m^2 < F_P \leqslant 20m^2$	0.60
$20m^2 < F_P \leqslant 50m^2$	0.50
$F_P > 50m^2$	0.45

表 3.0.6-3 医院建筑最小换气次数（h^{-1}）

功能房间	换气次数
门诊室	2
急诊室	2
配药室	5
放射室	2
病房	2

3 高密人群建筑每人所需最小新风量应按人员密度确定，且应符合表 3.0.6-4 规定。

8

表3.0.6-4　高密人群建筑每人所需最小新风量 [m³/ (h·人)]

建筑类型	人员密度 P_F（人/m²）		
	$P_F \leqslant 0.4$	$0.4 < P_F \leqslant 1.0$	$P_F > 1.0$
影剧院、音乐厅、大会厅、多功能厅、会议室	14	12	11
商店、超市	19	16	15
博物馆、展览厅	19	16	15
公共交通等候室	19	16	15
歌厅	23	20	19
酒吧、咖啡厅、宴会厅、餐厅	30	25	23
游艺厅、保龄球房	30	25	23
体育馆	19	16	15
健身房	40	38	37
教室	28	24	22
图书馆	20	17	16
幼儿园	30	25	23

【具体评价方式】

本条适用于集中供暖空调的各类民用建筑的设计、运行评价。对于设置分体空调、多联机的建筑或功能房间（一般应为建筑外区），如果具备开窗通风条件或设置了排气扇，不要求独立设置新风系统。

设计评价查阅暖通专业施工图、暖通设计计算书等。

运行评价查阅相关竣工图、典型房间空调期间室内温湿度检测报告、新风机组风量检测报告、典型房间空调期间的二氧化碳浓度检测报告，并现场核查。

8.1.5　在室内设计温、湿度条件下，建筑围护结构内表面不得结露。

【条文说明扩展】

围护结构内表面结露会造成霉变，一方面会破坏饰面层，影响美观和使用，同时也会污染室内空气，损害使用者的身体健康。因此，应对围护结构内表面结露进行控制。

随着节能设计标准的实施，以及节能目标的不断提高，围护结构主体部位出现结露的可能性很低。特别是采用了外保温体系的建筑，除了窗口、檐口等少数节点外，结构性热桥都能得到较好的处理。但是，对于内保温、夹心保温体系，仍然存在大量热桥节点。有必要对节点进行结露验算，消除结露风险。

围护结构结露验算，需满足国家标准《民用建筑热工设计规范》GB 50176（修订报批稿）中第7.2节的要求，即：

7.2.1 冬季室外计算温度 t_e 低于 0.85℃时，应对围护结构中的热桥部位进行内表面结露验算。

7.2.2 围护结构热桥部位的内表面温度应通过二维或三维传热计算得到。

7.2.3 热桥部位的传热计算应符合以下要求：

1 计算软件：

1）计算软件应通过相关评审，以确保计算的正确性；

2）软件的输入、输出应便于检查，计算结果清晰、直观。

2 边界条件：

1）外表面：第三类边界条件，室外计算温度 t_e，对流换热系数 23.0 W/（m²·K）；

2）内表面：第三类边界条件，室内计算温度 18℃，对流换热系数 8.7W/（m²·K）；

3）其他边界：第二类边界条件，热流密度 0W/m²；

4）室内空气相对湿度：60%。

3 计算模型：

1）根据实际情况确定应用二维还是三维传热计算。

2）在二维传热模型中与热流方向平行的两条边界按对称（或足够远）的原则选取，保证越过这两条边界的热流为零；

3）在三维传热模型中与热流方向平行的四个边界面按对称（或足够远）的原则选取，保证越过这四个边界面的热流为零；

4）模型的几何尺寸与材料应与节点构造设计一致；

5）距离较小的热桥应合并计算。

4 计算参数：

1）常用建筑材料的热物理性能参数应符合附录 X 的规定；

2）空气间层的热阻应符合附录 X 的规定；

3）当材料的热物理性能参数有可靠来源时，也可以采用。

7.2.4 当热桥内表面温度低于室内空气露点温度时，应在热桥部位采取保温措施，并确保处理后的热桥内表面不发生表面结露。

【具体评价方式】

本条适用于各类民用建筑的设计、运行评价。如项目所在地为温和地区和夏热冬暖地区，或项目没有采暖需求，该条不参评。

设计评价查阅围护结构施工图、节点大样图、结露验算计算书等。

运行评价除查阅设计阶段相关文件外，还应查阅相关竣工图，并现场核查。

8.1.6 屋顶和东、西外墙隔热性能应满足现行国家标准《民用建筑热工设计规范》GB 50176 的要求。

【条文说明扩展】

外墙在给定两侧空气温度及变化规律的情况下，内表面最高温度应符合《民用建筑热工设计规范》GB 50176（修订报批稿）表 6.1.1 的要求。屋顶在给定两侧空气温度及变化规律的情况下，屋顶内表面最高温度应符合《民用建筑热工设计规范》GB 50176（修订报批稿）表 6.2.1 要求。

【具体评价方式】

　　本条适用于各类民用建筑的设计、运行评价。

　　设计评价查阅围护结构热工设计图纸或文件，以及专项计算分析报告。

　　目前，寒冷地区多采用外墙外保温系统，夏热冬冷地区多采用外墙外保温或外墙内外复合保温系统，如完全按照地方明确的节能构造图集进行设计，可直接判定隔热验算通过。

　　运行评价查阅相关竣工文件，并现场核查。

8.1.7　室内空气中的氨、甲醛、苯、总挥发性有机物、氡等污染物浓度应符合现行国家标准《室内空气质量标准》GB/T 18883 的有关规定。

【条文说明扩展】

　　国家标准《室内空气质量标准》GB/T 18883‒2002 中的有关规定详见表 8-6。

表 8-6　室内空气质量标准

污染物	标准值	备注
氨 NH_3	$0.20mg/m^3$	1 小时均值
甲醛 $HCHO$	$0.10mg/m^3$	1 小时均值
苯 C_6H_6	$0.11mg/m^3$	1 小时均值
总挥发性有机物 $TVOC$	$0.60mg/m^3$	8 小时均值
氡^{222}Rn	$400Bq/m^3$	年平均值

【具体评价方式】

　　本条适用于各类民用建筑的运行评价。

　　运行评价查阅室内污染物检测报告，并现场核查。

8.2　评　分　项

Ⅰ　室 内 声 环 境

8.2.1　主要功能房间室内噪声级，评价总分值为 6 分。噪声级达到现行国家标准《民用建筑隔声设计规范》GB 50118 中的低限标准限值和高要求标准限值的平均值，得 3 分；达到高要求标准限值，得 6 分。

【条文说明扩展】

　　除具体指标外，评价内容同第 8.1.1 条。

　　学校建筑主要功能房间的噪声级低限标准限值按《民用建筑隔声设计规范》GB 50118 中的规定值选取，高要求标准限值在此基础上降低 5dB（A）；对于旅馆建筑，《民用建筑隔声设计规范》GB 50118 室内噪声级限值有三级，二级为低限标准，特级为高要求标准。

对于某些房间，由于受到诸多客观条件限制，诸如房间内设备运行噪声无法降低等，不宜对该类房间提出高要求标准限值，在表1中此类房间的高标准要求用"—"标注，评分项评价时可不考虑此类房间。

低限标准限值和高要求标准限值的平均值按四舍五入取整。

【具体评价方式】

本条适用于各类民用建筑的设计、运行评价。

具体评价方式同第8.1.1条。

8.2.2 主要功能房间的隔声性能良好，评价总分值为 9 分，并按下列规则分别评分并累计：

1 构件及相邻房间之间的空气声隔声性能达到现行国家标准《民用建筑隔声设计规范》GB 50118 中的低限标准限值和高要求标准限值的平均值，得 3 分；达到高要求标准限值，得 5 分；

2 楼板的撞击声隔声性能达到现行国家标准《民用建筑隔声设计规范》GB 50118 中的低限标准限值和高要求标准限值的平均值，得 3 分；达到高要求标准限值，得 4 分。

【条文说明扩展】

除具体指标外，评价内容同第8.1.2条。

对于学校建筑，《民用建筑隔声设计规范》GB 50118－2010 的隔声标准只有一个级别，该级别为低限要求。空气隔声性能的高要求标准限值为低限标准限值提高 5dB。撞击声隔声性能高要求标准限值为低限标准限值降低 10dB。

对于医院建筑，病房的门通常无法设置门槛，而且在门上还设置有观察窗，其空气声隔声性能通常无法达到更高要求。对医院建筑评价时，第8.2.2条对建筑构件空气声隔声性能评价时，门的空气声隔声性能不参评。在表8-2中用"—"标注。

对于旅馆建筑，《民用建筑隔声设计规范》GB 50118－2010 的隔声标准有三级，二级为低限标准，特级为高要求标准。

对于某些建筑类型中的建筑构件，由于受到诸多客观条件限制，隔声性能再提高存在诸多困难，且提高此类建筑构件隔声性能对提高建筑声品质作用有限，不宜对该类建筑构件提出高要求标准限值。在表8-2、表8-3中，此类构件的高标准要求用"—"标注，评价时可不考虑此类房间。

低限标准限值和高要求标准限值的平均值按四舍五入取整。

【具体评价方式】

本条适用于各类民用建筑的设计、运行评价。若为毛坯房住宅或其他类型的毛坯建筑，因围护结构构件隔声性能不明确，本条得分为 0 分。

具体评价方式同第8.1.2条。

8.2.3 采取减少噪声干扰的措施，评价总分值为 4 分，并按下列规则分别评分并累计：

1 建筑平面、空间布局合理，没有明显的噪声干扰，得 2 分；

2 采用同层排水或其他降低排水噪声的有效措施，使用率不小于 50%，得 2 分。

【条文说明扩展】

本条第 1 款主要参考《民用建筑隔声设计规范》GB 50118-2010 第 3 章总平面防噪设计以及各类建筑中隔声减噪设计中内容制定，具体细节可参考该标准相关条款及其条文说明。

本条第 2 款主要是针对目前民用建筑中大量采用 PVC 排水管，其隔声性能较差，使用时产生噪声对使用者产生较大干扰的情况提出要求。采用新型降噪管，可有效降低管道排水时的噪声辐射，此时应提供新型降噪管降低噪声水平的证明材料。采用同层排水，降低排水时水下落高度和撞击力，能有效降低排水管辐射的噪声，且能降低排水时对下面楼层的噪声干扰。通过查阅给排水专业图纸和实际建筑中实施情况进行本款评价。

【具体评价方式】

本条适用于各类民用建筑的设计、运行评价。居住建筑和旅馆建筑之外的其他类型建筑第 2 款不参评。使用率 50% 的计算依据为，采用同层排水的卫生间比例（个数或面积）不小于总数的 50%，或排水管采用新型降噪管的数量不少于总数的 50%。

设计评价查阅建筑总平面图、给排水专业施工图等文件。

运行评价查阅相关竣工图，并现场核查。

第 1 款审查要点：需审核总平面图，若噪声敏感的建筑沿交通干线两侧布置且没采取相关降噪措施，第 1 款不得分；若产生噪声的民用建筑附属设施，如锅炉房、水泵房与噪声敏感建筑之间可能产生噪声干扰而未采取防止噪声干扰措施，第 1 款不得分。审核建筑平面、剖面图，若噪声敏感房间布置在临街一侧、与噪声源相邻布置，且未采取隔振降噪措施，第 1 款不得分。运行评价应现场勘查设计图纸落实情况，有必要时进行房间室内声压级现场检测，考察房间是否有明显的噪声干扰问题。

第 2 款审查要点：审查给排水施工图或现场勘查，若采用同层排水，第 2 款得 2 分；或采用新型降噪管，使用率在 50% 以上，第 2 款得 2 分，此时需提供新型降噪管与普通 PVC 排水管的排水噪声测量分析报告。现场勘查新型降噪管的使用率是否达到 50%。

8.2.4 公共建筑中的多功能厅、接待大厅、大型会议室和其他有声学要求的重要房间进行专项声学设计，满足相应功能要求，评价分值为 3 分。

【条文说明扩展】

公共建筑中 100 人规模以上的多功能厅、接待大厅、大型会议室、讲堂、音乐厅、教室、餐厅和其他有声学要求的重要功能房间等应进行专项声学设计。专项声学设计应包括建筑声学设计及扩声系统设计（若设有扩声系统）。建筑声学设计主要应包括体型设计、混响时间设计与计算、噪声控制设计与计算等方面的内容；扩声系统设计应包括最大声压级、传声频率特性、传声增益、声场不均匀度、语言清晰度等设计指标，设备配置及产品资料、系统连接图、扬声器布置图、计算机模拟辅助设计成果等。

建筑声学设计可参考《剧场、电影院和多用途厅堂建筑声学设计规范》GB/T 50356、

《民用建筑隔声设计规范》GB 50118 中的相关内容；扩声系统设计可参考《厅堂扩声系统设计规范》GB 50371 中的相关内容。

【具体评价方式】

本条适用于各类公共建筑的设计、运行评价。如果公共建筑中不含这类房间，本条不参评。

设计评价查阅相关设计文件、声学设计专项报告。

运行评价查阅声学设计专项报告、检测报告，并现场核查。

专项声学设计应将声学设计目标在相关设计文件中注明。

Ⅱ 室内光环境与视野

8.2.5 建筑主要功能房间具有良好的户外视野，评价分值为 3 分。对居住建筑，其与相邻建筑的直接间距超过 18m；对公共建筑，其主要功能房间能通过外窗看到室外自然景观，无明显视线干扰。

【条文说明扩展】

美国 LEED 标准中对于获得良好的视野也作了规定。

对于居住建筑，主要依靠控制建筑间距来获得良好的视野。根据经验，当两幢住宅楼居住空间的水平视线距离超过 18m 时即能基本满足要求。当两幢住宅楼水平视线距离不超过 18m 时，临近住宅应通过建筑户型设计避免产生私密问题。对于公共建筑，要求在主要功能房间的使用区域内都能看到室外自然环境，没有构筑物或周边建筑物对视野造成完全遮挡。

【具体评价方式】

本条适用于各类民用建筑的设计、运行评价。公共建筑的主要功能房间包括办公室、会议室、病房、教室及客房等场所。

对于居住建筑：设计评价查阅总平面图，对住宅与相邻建筑的直接间距进行核实；运行阶段查阅竣工总平面图，并进行现场核查。当两建筑相对的外墙间距不足 18m，但至少有一面外墙上无窗户时，也可认为没有视线干扰。

对于公共建筑：设计评价查阅最不利楼层或房间的平面图、剖面图和视野模拟分析报告；运行评价查阅竣工平、剖面图和视野模拟分析报告，并现场核查。视野模拟分析报告中应将周边高大的建筑物、构筑物的影响都考虑在内，建筑自身遮挡也不可忽略，并涵盖所有朝向的最不利房间。具体评价时应选择在其主要功能房间的中心点 1.5m 高的位置，与窗户各角点连线所形成的立体角内，看其是否可看到天空或者地面。

8.2.6 主要功能房间的采光系数满足现行国家标准《建筑采光设计标准》GB 50033 的要求，评价总分值为 8 分，并按下列规则评分：

1 居住建筑：卧室、起居室的窗地面积比达到 1/6，得 6 分；达到 1/5，得 8 分。

2 公共建筑：根据主要功能房间采光系数满足现行国家标准《建筑采光

设计标准》GB 50033 要求的面积比例，按表 8.2.6 的规则评分，最高得 8 分。

表 8.2.6　公共建筑主要功能房间采光评分规则

面积比例 R_A	得分
$60\% \leqslant R_A < 65\%$	4
$65\% \leqslant R_A < 70\%$	5
$70\% \leqslant R_A < 75\%$	6
$75\% \leqslant R_A < 80\%$	7
$R_A \geqslant 80\%$	8

【条文说明扩展】

天然采光不仅有利于节能和视觉工效，也有利于使用者的生理和心理健康。

国家标准《建筑采光设计标准》GB 50033－2013 第 4 章对各类建筑的主要功能房间或场所的采光系数标准值和天然光照度标准值规定如表 8-7、表 8-8 所示。

表 8-7　居住建筑采光系数标准值

场所名称	侧面采光	
	采光系数标准值（%）	室内天然光照度标准值（lx）
卧室、起居室、厨房	2.0	300
卫生间、过道、楼梯间、餐厅	1.0	150

表 8-8　公共建筑采光系数标准值

建筑类型	场所名称	侧面采光		顶部采光	
		采光系数标准值（%）	天然光照度标准值（lx）	采光系数标准值（%）	天然光照度标准值（lx）
教育建筑	普通教室、专用教室、实验室、阶梯教室、教师办公室	3.0	450	—	—
	走道、楼梯间、卫生间	1.0	150	—	—
医疗建筑	一般病房	2.0	300		
	诊室、药房、治疗室、化验室	3.0	450	2.0	300
	医生办公室（护士室）候诊室、挂号处、综合大厅	2.0	300	1.0	150
	走道、楼梯间、卫生间	1.0	150	0.5	75
办公建筑	设计室、绘图室	4.0	600	—	—
	办公室、会议室	3.0	450	—	—
	复印室、档案室	2.0	300	—	—
	走道、楼梯间、卫生间	1.0	150	—	—

续表 8-8

建筑类型	场所名称	侧面采光		顶部采光	
		采光系数标准值（%）	天然光照度标准值（lx）	采光系数标准值（%）	天然光照度标准值（lx）
图书馆建筑	阅览室、开架书库	3.0	450	2.0	300
	目录室	2.0	300	1.0	150
	书库、走道、楼梯间、卫生间	1.0	150	0.5	75
旅馆建筑	会议室	3.0	450	2.0	300
	大堂、客房、餐厅、健身房	2.0	300	1.0	150
	走道、楼梯间、卫生间	1.0	150	0.5	75
博物馆建筑	文物修复室、标本制作室、书画装裱室	3.0	450	2.0	300
	陈列室、展厅、门厅	2.0	300	1.0	150
	库房、走道、楼梯间、卫生间	1.0	150	0.5	75
展览建筑	展厅（单层及顶层）	3.0	450	2.0	300
	登录厅、连接通道	2.0	300	1.0	150
	库房、楼梯间、卫生间	1.0	150	0.5	75
交通建筑	进站厅、候机（车）厅	3.0	450	2.0	300
	出站厅、连接通道、自动扶梯	2.0	300	1.0	150
	站台、楼梯间、卫生间	1.0	150	0.5	75
体育建筑	体育馆场地、观众入口大厅、休息厅、运动员休息室、治疗室、贵宾室、裁判用房	2.0	300		150
	浴室、楼梯间、卫生间	1.0	150	0.5	75

考虑住宅建筑户型和房间众多，为简化起见，主要考核卧室、起居室的窗地面积比。国家标准《建筑采光设计标准》GB 50033－2013 中规定的卧室、起居室的采光等级为Ⅳ级，其窗地面积比应不小于国家标准《建筑采光设计标准》GB 50033－2013 第 6.0.1 条的规定（即侧面采光时窗地面积比不小于 1/6）。

上述各表格针对的是Ⅲ类光气候分区，其他地区应乘以相应的光气候系数。同时应注意的是，上述窗地面积比是在一定条件下得到的。当室外遮挡较为严重，或窗透射比较低时，应进行采光计算，校核采光系数是否满足标准要求。采光计算时还应考虑周边建筑和建筑自身的遮挡。

【具体评价方式】

本条适用于各类民用建筑的设计、运行评价。对于建筑中不需要考虑天然采光的房间，如档案保管室、暗室以及商场中的 KTV 房间、酒吧空间等，这些房间可不参加评分计算。评价时应确认采光设计、分析所用软件通过了建设主管部门的评估。

对于居住建筑：设计评价查阅建筑平、剖面图及门窗表，校核其窗地面积比是否满足要求，同时还应查阅采光计算报告，看其采光系数是否满足标准要求。运行评价在设计评价的基础上，还应进行现场核查。当窗地面积比不满足要求，但采光系数满足要求时，本条第1款也可得分。同户型同样功能的房间只需要计算最不利房间（楼层低、室外遮挡严重、进深大、窗户透射比低等）；当无法确定唯一的最不利房间时，应对所有分别具备不利因素的房间进行计算。

对于公共建筑：设计评价查阅建筑平、剖面图及门窗表，以及采光计算报告，看其采光系数的达标比例是否满足标准要求。运行评价在设计评价的基础上，还应查阅现场检测报告，并进行现场核查。公共建筑的评价方式为对各主要功能房间的采光分别计算并统计达标的面积，再统计总的达标面积并计算其占功能房间总面积的比例，最后根据达标比例进行评分。

当同一建筑中同时包括居住和商店或办公等多种功能房间时，应对各种功能房间分别评分，并取低分作为本条得分。

8.2.7 改善建筑室内天然采光效果，评价总分值为14分，并按下列规则分别评分并累计：

1 主要功能房间有合理的控制眩光措施，得6分；

2 内区采光系数满足采光要求的面积比例达到60%，得4分；

3 根据地下空间平均采光系数不小于0.5%的面积与首层地下室面积的比例，按表8.2.7的规则评分，最高得4分。

表8.2.7 地下空间采光评分规则

面积比例 R_A	得分
5%≤R_A<10%	1
10%≤R_A<15%	2
15%≤R_A<20%	3
R_A≥20%	4

【条文说明扩展】

为了改善建筑室内天然采光效果，不仅要保证适宜的采光水平，还需要提高采光的质量。本条三款分别对控制眩光措施、内区采光、地下空间采光进行评价。

本条第1款，要求符合国家标准《建筑采光设计标准》GB 50033-2013第5.0.2条等控制不舒适眩光的相关规定。主要功能房间的眩光应不高于表8-9中的限值。

表8-9 窗的不舒适眩光指数

采光等级	眩光指数值 DGI
Ⅰ	20
Ⅱ	23
Ⅲ	25
Ⅳ	27
Ⅴ	28

第 2 款的内区，是针对外区而言的。为简化，一般情况下外区取为距离建筑外围护结构 5m 范围内的区域。应对内区的主要功能房间的采光系数分别进行计算，再统计采光达标的面积比例。

采用下沉广场（庭院）、天窗、导光管系统等，可改善地下车库等地下空间的采光，但考虑到经济合理性，地下空间的采光水平不宜过高，第 3 款中将平均采光系数 0.5% 作为参评条件。当满足该要求的地下空间面积达到一定数量时，即可认为采用了有效的技术措施，可按表 8.2.7 分档评分。对于首层地下空间为夹层时，可统计下一层可实现天然采光的地下空间的比例。

【具体评价方式】

本条适用于各类民用建筑的设计、运行评价。如果参评建筑无内区，或者为住宅建筑，第 2 款直接得 4 分；如果参评建筑没有地下室，第 3 款直接得 4 分。

设计评价查阅建筑专业图纸、采光计算报告。采光计算报告中应包括眩光计算、采光系数计算及面积统计等内容。

运行评价在设计评价的基础上，还应查阅现场检测报告，并现场核查。

Ⅲ 室 内 热 湿 环 境

8.2.8 采取可调节遮阳措施，降低夏季太阳辐射得热，评价总分值为 12 分。外窗和幕墙透明部分中，有可控遮阳调节措施的面积比例达到 25%，得 6 分；达到 50%，得 12 分。

【条文说明扩展】

透过透明围护结构的太阳辐射是造成室内温度升高的重要原因。在透明围护结构处设置外遮阳设施可以有效降低辐射得热。从兼顾冬夏的角度考虑，遮阳应具有可调节能力。

《公共建筑节能设计标准》GB 50189、《严寒和寒冷地区居住建筑节能设计标准》JGJ 26、《夏热冬冷地区居住建筑节能设计标准》JGJ 134、《夏热冬暖地区居住建筑节能设计标准》JGJ 75 中，对处于寒冷 B 区、夏热冬冷、夏热冬暖地区外窗的遮阳系数均提出了相应的限值要求。此外，《公共建筑节能设计标准》GB 50189 - 2015 中第 4.2.5 条、《严寒和寒冷地区居住建筑节能设计标准》JGJ 26 - 2010 中第 4.2.4 条、《夏热冬冷地区居住建筑节能设计标准》JGJ 134 - 2010 中第 4.0.7 条、《夏热冬暖地区居住建筑节能设计标准》JGJ 75 - 2013 中第 4.0.10 条均对设置活动遮阳提出了要求。

绿色建筑应当在满足上述节能设计标准各项要求的基础上有更高的要求。本条对设置可控遮阳调节装置的具体数量提出了明确要求。对于可控遮阳的类型，除活动外遮阳外，永久设施（中空玻璃夹层智能内遮阳）、固定外遮阳加内部高反射率可调节遮阳也可作为可调外遮阳措施。对于住宅，建筑设计包含 300mm 以上的挑檐、阳台或立面构造，并且建筑设计图纸中明确安装可调节内遮阳并体现在住宅售房合同中，也可以算作可调节遮阳措施。

【具体评价方式】

本条适用于各类民用建筑的设计、运行评价。

设计评价查阅相关设计文件、产品说明书、可控遮阳覆盖率计算参数表。

运行评价查阅相关竣工图、产品说明书、可控遮阳覆盖率计算参数表，并现场核查。

8.2.9 供暖空调系统末端现场可独立调节，评价总分值为 8 分。供暖、空调末端装置可独立启停的主要功能房间数量比例达到 70%，得 4 分；达到 90%，得 8 分。

【条文说明扩展】

集中供暖空调系统末端可调节是为了满足个人热舒适的差异化需求。通过末端调节供暖空调系统的输出，可以避免用户通过开窗等不节能的调节方式对房间热环境进行调节，从而到达既满足用户热舒适需求，又节约能源的目的。

国家标准《公共建筑节能设计标准》GB 50189-2015 规定：

4.5.6 供暖空调系统应设置室温调控装置；散热器及辐射供暖系统应安装自动温度控制阀。

行业标准《严寒和寒冷地区居住建筑节能设计标准》JGJ 26-2010 规定：

5.3.3 集中采暖（集中空调）系统，必须设置住户分室（户）温度调节、控制装置及分户热计量（分户热分摊）的装置或设施。

行业标准《夏热冬冷地区居住建筑节能设计标准》JGJ 134-2010 规定：

6.0.2 当居住建筑采用集中采暖、空调系统时，必须设置分室（户）温度调节、控制装置及分户热（冷）量计量或分摊设施。

《夏热冬暖地区居住建筑节能设计标准》JGJ 75-2003 规定：

6.0.2 采用集中式空调（采暖）方式的居住建筑，应设置分室（户）温度控制及分户冷（热）量计量设施。

【具体评价方式】

本条适用于集中供暖空调的各类民用建筑的设计、运行评价。

设计评价查阅暖通空调施工图、产品说明书。

运行评价查阅相关竣工图、产品说明书，并现场核查。

Ⅳ 室 内 空 气 质 量

8.2.10 优化建筑空间、平面布局和构造设计，改善自然通风效果，评价总分值为 13 分，并按下列规则评分：

1 居住建筑：按下列 2 项的规则分别评分并累计：

    1）通风开口面积与房间地板面积的比例在夏热冬暖地区达到 10%，在夏热冬冷地区达到 8%，在其他地区达到 5%，得 10 分；

    2）设有明卫，得 3 分。

2 公共建筑：根据在过渡季典型工况下主要功能房间平均自然通风换气

次数不小于 2 次/h 的面积比例，按表 8.2.10 的规则评分，最高得 13 分。

表 8.2.10 公共建筑过渡季典型工况下主要功能房间自然通风评分规则

面积比例 R_R	得分
60%≤R_R<65%	6
65%≤R_R<70%	7
70%≤R_R<75%	8
75%≤R_R<80%	9
80%≤R_R<85%	10
85%≤R_R<90%	11
90%≤R_R<95%	12
R_R≥95%	13

【条文说明扩展】

自然通风可以提高居住者的舒适感，并有利于健康。当室外气象条件良好时，加强自然通风还有助于缩短空调设备的运行时间，降低空调能耗。因此，绿色建筑应特别强调自然通风。

国家标准《民用建筑供暖通风与空气调节设计规范》GB 50736-2012 规定：

6.2.4 采用自然通风的生活、工作的房间的通风开口有效面积不应小于该房间地板面积的 5%；厨房的通风开口有效面积不应小于该房间地板面积的 10%，并不得小于 0.60m²。

国家标准《住宅设计规范》GB 50096-2011 规定：

7.2.3 每套住宅的自然通风开口面积不应小于地面面积的 5%。

7.2.4 采用自然通风的房间，其直接或间接自然通风开口面积应符合下列规定：

1 卧室、起居室（厅）、明卫生间的直接自然通风开口面积不应小于该房间地板面积的 1/20；当采用自然通风的房间外设置阳台时，阳台的自然通风开口面积不应小于采用自然通风的房间和阳台地板面积总和的 1/20；

2 厨房直接自然通风开口面积不应小于该房间地板面积的 1/10，并不得小于 0.60m²；当厨房外设置阳台时，阳台的自然通风开口面积不应小于厨房和阳台地板面积总和的 1/10，并不得小于 0.60m²。

居住建筑能否获取足够的自然通风，与通风开口面积的大小密切相关。一般情况下，当通风开口面积与地板面积之比不小于 5% 时，房间可以获得比较好的自然通风。在夏热冬暖地区和夏热冬冷地区，具有较好的自然通风条件，人们习惯采用自然通风改善室内的热湿环境。为此，本条对夏热冬暖地区和夏热冬冷地区居住建筑通风适当提高了要求，提出居住建筑通风开口面积与房间地板面积的比例，在夏热冬暖地区达到 10%，在夏热冬冷地区达到 8%，在其他地区达到 5%，作为得分条件。卫生间是住宅内部的一个空气污染源，卫生间开设外窗有利于污浊空气的排放。

对于公共建筑，若有大进深内区，或者由于别的原因不能保证开窗通风面积，使得单纯依靠自然风压与热压不足以实现自然通风，需要进行自然通风优化设计或创新设计，以保证建筑在过渡季典型工况下平均自然通风换气次数大于 2 次/h。

8

【具体评价方式】

本条适用于各类民用建筑的设计、运行评价。

设计评价查阅相关设计文件、计算书、自然通风模拟分析报告。

运行评价查阅相关竣工图、计算书、自然通风模拟分析报告，并现场核查。

8.2.11 气流组织合理，评价总分值为 7 分，并按下列规则分别评分并累计：

1 重要功能区域供暖、通风与空调工况下的气流组织满足热环境设计参数要求，得 4 分；

2 避免卫生间、餐厅、地下车库等区域的空气和污染物串通到其他空间或室外活动场所，得 3 分。

【条文说明扩展】

气流组织直接影响室内空气调节和污染物的排放效果，关系着房间工作区的温湿度基数、精度及区域温差。只有合理的气流组织才能均匀地消除室内余热余湿，并能有效地排除有害气体和灰尘。

国家标准《民用建筑供暖通风与空气调节设计规范》GB 50736-2012 规定：

6.1.7 室内送风、排风设计时，应根据污染物的特性及污染源的变化，优化气流组织设计；不应使含有大量热、蒸汽或有害物质的空气流入没有或仅有少量热、蒸汽或有害物质的人员活动区，且不应破坏局部排风系统的正常工作。

7.4.1 空调区的气流组织设计，应根据空调区的温湿度参数、允许风速、噪声标准、温度梯度以及空气分布特性指标（ADPI）等要求，结合内部装修、工艺或家具布置等确定；复杂空间空调区的气流组织设计，宜采用计算流体力学（CFD）数值模拟计算。

6.3.4 住宅通风系统设计应符合下列规定：

1 自然通风不能满足室内卫生要求的住宅，应设置机械通风系统或自然通风与机械通风结合的复合通风系统。室外新风应先进入人员的主要活动区；

2 厨房、无外窗卫生间应采用机械排风系统或预留机械排风系统开口，且应留有必要的进风面积；

3 厨房和卫生间全面通风换气次数不宜小于 3 次/h；

4 厨房、卫生间宜设竖向排风道，竖向排风道应具有防火、防倒灌及均匀排气的功能，并应采取防止支管回流和竖井泄漏的措施。顶部应设置防止室外风倒灌装置。

6.3.5 公共厨房通风应符合下列规定：

1 发热量大且散发大量油烟和蒸汽的厨房设备应设排气罩等局部机械排风设施；其他区域当自然通风达不到要求时，应设置机械通风；

2 采用机械排风的区域，当自然补风满足不了要求时，应采用机械补风。厨房相对于其他区域应保持负压，补风量应与排风量相匹配，且宜为排风量的 80%～90%。严寒和寒冷地区宜对机械补风采取加热措施；

3 产生油烟设备的排风应设置油烟净化设施，其油烟排放浓度及净化设备的最低去除效率不应低于国家现行相关标准的规定，排风口的位置应符合本规范第 6.6.18 条的规定；

4 厨房排油烟风道不应与防火排烟风道共用；

5 排风罩、排油烟风道及排风机设置安装应便于油、水的收集和油污清理，且应采取防止油烟气味外溢的措施。

6.3.6 公共卫生间和浴室通风应符合下列规定：

1 公共卫生间应设置机械排风系统。公共浴室宜设气窗；无条件设气窗时，应设独立的机械排风系统。应采取措施保证浴室、卫生间对更衣室以及其他公共区域的负压；

2 公共卫生间、浴室及附属房间采用机械通风时，其通风量宜按换气次数确定。

6.3.8 汽车库通风应符合下列规定：

1 自然通风时，车库内 CO 最高允许浓度大于 $30mg/m^3$ 时，应设机械通风系统；

2 地下汽车库，宜设置独立的送风、排风系统；具备自然进风条件时，可采用自然进风、机械排风的方式。室外排风口应设于建筑下风向，且远离人员活动区并宜作消声处理。

行业标准《车库建筑设计规范》JGJ 100-2015 规定：

7.3.3 当车库停车区域自然通风达不到稀释废气标准时，应设置机械排风系统，并应符合国家现行标准《工业企业设计卫生标准》GBZ 1 的规定。

7.3.6 机动车库送风、排风系统宜独立设置。

7.3.7 车库的送风、排风系统应使室内气流分布均匀，送风口宜设在主要通道上。

【具体评价方式】

本条适用于各类民用建筑的设计、运行评价。

设计评价查阅暖通空调施工图、气流组织模拟分析报告。

运行评价查阅相关竣工图、气流组织模拟分析报告，或查阅检测报告，并现场核查。

8.2.12 主要功能房间中人员密度较高且随时间变化大的区域设置室内空气质量监控系统，评价总分值为 8 分，并按下列规则分别评分并累计：

1 对室内的二氧化碳浓度进行数据采集、分析，并与通风系统联动，得5 分；

2 实现室内污染物浓度超标实时报警，并与通风系统联动，得 3 分。

【条文说明扩展】

对于设置集中通风空调系统的公共建筑，新风量并非是随着室内人数的变化而进行调节的。对于室内人员密度较高、门启闭次数不多、人员来去流量比较集中的室内，二氧化碳的浓度可能会瞬时较高。

由于二氧化碳检测技术比较成熟且使用方便，在人员密度较高且随时间变化的区域，设计和安装室内空气质量监控系统，采用二氧化碳浓度作为控制指标，实时监测室内二氧化碳浓度并与通风系统联动，既可以保证室内的新风量需求和室内空气质量，又可实现建筑节能。

对于保证长期居住或停留，人体健康不受危害的室内空气中二氧化碳浓度的限值标准，国家标准《室内空气中二氧化碳卫生标准》GB/T 17094-1997 中规定，室内空气中二氧化碳卫生标准值为不大于 0.10% （2000mg/m³）。二氧化碳浓度传感器监测到二氧化

8

碳浓度超过设定量值（如 1800mg/m³）时，进行报警，同时自动启动送排风系统。

相对于二氧化碳检测技术，氨、甲醛、苯、氡、可吸入颗粒物、总挥发性有机物等空气污染物的浓度监测比较复杂，使用不方便，有些简便方法不成熟，受环境条件变化影响大。因此，本条要求对甲醛等空气污染物，可以实现超标实时报警。超标报警的浓度限值可以依据国家标准《室内空气质量标准》GB/T 18883－2002 的规定，如表 8-10 所示。

表 8-10　室内空气污染物浓度限值

污染物	标准值	备注
氨 NH_3	0.20mg/m	1 小时均值
甲醛 HCHO	0.10mg/m³	1 小时均值
苯 C_6H_6	0.11mg/m³	1 小时均值
总挥发性有机物 TVOC	0.60mg/m³	8 小时均值
可吸入颗粒 PM10	0.15mg/m³	日平均值
氡 ^{222}Rn	400Bq/m³	年平均值

【具体评价方式】

本条适用于集中通风空调各类公共建筑的设计、运行评价。住宅建筑不参评。

设计评价查阅暖通空调施工图、建筑智能化施工图及设计说明。

运行评价查阅暖通空调竣工图、建筑智能化竣工图及设计说明、运行记录，并现场核查。

8.2.13　地下车库设置与排风设备联动的一氧化碳浓度监测装置，评价分值为 5 分。

【条文说明扩展】

地下车库与地上建筑相比，处于封闭或半封闭的状态，自然通风和采光很少，且内部有汽车出入，汽车排放的尾气如果不能及时排出，就会对进入车库的人员身体健康造成危害。汽车排放的主要污染物有一氧化碳、碳氢化合物、氮氧化合物等，而其中以一氧化碳对人体的危害最大。因此，为了保证车库内的良好空气质量并节约能源，本条将在地下车库设置一氧化碳浓度监测装置且与排风设备联动，以保证地下车库内的一氧化碳浓度符合规定作为评分项。一个防火分区至少设置一个 CO 检测点并与通风系统联动。

【具体评价方式】

本条适用于设地下车库的各类民用建筑的设计、运行评价。

设计评价查阅暖通空调施工图、建筑智能化施工图及设计说明。

运行评价查阅暖通空调竣工图、建筑智能化竣工图及设计说明、物业单位提供的运行记录等，并现场核查。

9 施 工 管 理

9.1 控 制 项

9.1.1 应建立绿色建筑项目施工管理体系和组织机构，并落实各级责任人。

【条文说明扩展】

与本条相关的指导性文件和标准有：

《绿色施工导则》（建质［2007］223 号）规定：

1.6 运用 ISO 14000 和 ISO 18000 管理体系，将绿色施工有关内容分解到管理体系目标中去，使绿色施工规范化、标准化。

4.1 绿色施工管理主要包括组织管理、规划管理、实施管理、评价管理和人员安全与健康管理五个方面。

4.1.1 组织管理

1 建立绿色施工管理体系，并制定相应的管理制度与目标。

2 项目经理为绿色施工第一责任人，负责绿色施工的组织实施及目标实现，并指定绿色施工管理人员和监督人员。

4.1.2 规划管理

1 编制绿色施工方案。该方案应在施工组织设计中独立成章，并按有关规定进行审批。

国家标准《建筑工程绿色施工评价标准》GB/T 50640－2010 规定：

3.0.2 绿色施工项目应符合以下规定：

1 建立绿色施工管理体系和管理制度，实施目标管理。

3 施工组织设计及施工方案应有专门的绿色施工章节，绿色施工目标明确，内容应涵盖"四节一环保"要求。

7 根据检查情况，制定持续改进措施。

8 采集和保存过程管理资料、见证资料和自检评价记录等绿色施工资料。

国家标准《建筑工程绿色施工规范》GB/T 50905－2014 规定：

3.1.1 施工单位应履行下列职责：

1 施工单位是建筑工程绿色施工的实施主体，应组织绿色施工的全面实施。

4 施工单位应建立以项目经理为第一责任人的绿色施工管理体系，制定绿色施工管理制度，负责绿色施工的组织实施，进行绿色施工教育培训，定期开展自检、联检和评价工作。

4.0.3 绿色施工组织设计、绿色施工方案或绿色施工专项方案编制应符合下列规定：

3 应明确绿色施工的组织管理体系、技术要求和措施。

9

绿色建筑施工方案应包括"四节一环保"的内容。在施工全过程中应加强对施工策划、施工准备、材料采购、现场施工、工程验收等各环节的管理和监督，实施动态管理。对绿色建筑施工，应开展有针对性的宣传和知识、技能培训。对绿色施工效果，应进行自评估和专家综合评估。

【具体评价方式】

本条适用于各类民用建筑的运行评价。

运行评价：查阅企业 ISO 14000 管理体系文件、OHSAS 18000 管理体系文件；查阅该项目组织机构的相关制度文件、施工项目部组织机构图和经审批的施工方案；重点查阅项目施工管理体系和组织机构是否有针对绿色建筑（包括绿色施工）而制定或设置的相应内容及其落实情况。

9.1.2 施工项目部应制定施工全过程的环境保护计划，并组织实施。

【条文说明扩展】

施工环境保护计划一般包括环境因素分析、控制原则、控制措施、组织机构与运行管理、应急准备和响应、检查和纠正措施、文件管理、施工用地保护和生态复原等内容。对于不同的施工项目，应制定符合当地要求和项目实际情况的环境保护计划。

与本条相关的法律、法规和标准有：

《中华人民共和国环境保护法》规定：

第二十四条 产生环境污染和其他公害的单位，必须把环境保护工作纳入计划，建立环境保护责任制度；采取有效措施，防治在生产建设或者其他活动中产生的废气、废水、废渣、粉尘、恶臭气体、放射性物质以及噪声振动、电磁波辐射等对环境的污染和危害。

《中华人民共和国建设项目环境保护管理条例》规定：

第三条 建设产生污染的建设项目，必须遵守污染物排放的国家标准和地方标准；在实施重点污染物排放总量控制的区域内，还必须符合重点污染物排放总量控制的要求。

《绿色施工导则》（建质［2007］223 号）规定：

4.1.2 规划管理

2 绿色施工方案应包括以下内容：

（1）环境保护措施，制定环境管理计划及应急救援预案，采取有效措施，降低环境负荷，保护地下设施和文物等资源。

国家标准《建设项目工程总承包管理规范》GB/T 50358-2005 规定：

8.2.2 施工计划应包括以下内容：

4 施工安全、职业健康和环境保护计划

8.7.2 项目部应根据《中华人民共和国环境保护法》和《环境管理体系 规范及使用指南》GB/T 24001 建立项目环境管理制度，掌握监控环境信息，采取应对措施，保证施工现场及周边环境得到有效控制。

行业标准《建设工程施工现场环境与卫生标准》JGJ 146-2013 规定：

3.0.2 建设工程的环境与卫生管理应纳入施工组织设计或编制专项方案，应明确环境与卫生管理的目标和措施。

建设工程施工现场环境保护的主要内容包括：预防水土流失，防止土壤污染，控制扬尘，控制噪声，减少污水排放，防治光污染等。

【具体评价方式】

本条适用于各类民用建筑的运行评价。

运行评价：查阅施工单位 ISO 14001 管理体系文件、环境保护计划，审核计划的可执行性，查阅环境保护计划实施记录文件（包括责任人签字的检查记录、照片或影像等）。查阅当地环保局或建委等主管部门对环境影响因子如扬尘、噪声、污水排放评价的达标证明（若有）。

9.1.3 施工项目部应制定施工人员职业健康安全管理计划，并组织实施。

【条文说明扩展】

施工人员职业健康安全相关法律法规和文件包括：①《安全生产法》；②《劳动法》；③《建筑法》；④《消防法》；⑤《职业病防治法》；⑥《建设工程安全生产管理条例》；⑦《特种设备安全监察条例》；⑧《安全生产许可证条例》；⑨《工伤保险条例》；⑩《安全生产事故报告和调查处理条例》；⑪《劳动保障监察条例》；⑫《城市市容和环境卫生管理条例》；⑬《危险化学品安全管理条例》；⑭《建筑施工企业安全生产许可证管理规定》；⑮《建设工程消防监督管理规定》；⑯《绿色施工导则》等。

与本条相关的指导性文件和标准有：

《绿色施工导则》（建质〔2007〕223 号）规定：

4.1.5 人员安全与健康管理

1 制订施工防尘、防毒、防辐射等职业危害的措施，保障施工人员的长期职业健康。

2 合理布置施工场地，保护生活及办公区不受施工活动的有害影响。施工现场建立卫生急救、保健防疫制度，在安全事故和疾病疫情出现时提供及时救助。

3 提供卫生、健康的工作与生活环境，加强对施工人员的住宿、膳食、饮用水等生活与环境卫生等管理，明显改善施工人员的生活条件。

国家标准《职业健康安全管理体系 要求》GB/T 28001－2011 规定：

4.1 总要求

组织应根据本标准的要求建立、实施、保持和持续改进职业健康安全管理体系，确定如何满足这些要求，并形成文件。

组织应界定其职业健康安全管理体系的范围，并形成文件。

4.2 职业健康安全方针

最高管理者应确定和批准本组织的职业健康安全方针，并确保职业健康安全方针在界定的职业健康安全管理体系范围内：

a）适合于组织职业健康安全风险的性质和规模；

b）包括防止人身伤害与健康损害和持续改进职业健康安全管理与职业健康安全绩效的承诺；

9

c）包括至少遵守与其职业健康安全危险源有关的适用法律法规要求及组织应遵守的其他要求的承诺；

d）为制定和评审职业健康安全目标提供框架；

e）形成文件，付诸实施，并予以保持；

f）传达到所有在组织控制下工作的人员，旨在使其认识到各自的职业健康安全义务；

g）可为相关方所获取；

h）定期评审，以确保其与组织保持相关和适宜。

国家标准《建筑工程绿色施工评价标准》GB/T 50640-2010 规定：

3.0.3 发生下列事故之一，不得评为绿色施工合格项目：

1 发生安全生产死亡责任事故。

3 发生群体传染病、食物中毒等责任事故。

5.1.4 现场食堂应有卫生许可证，炊事员应持有效健康证明。

5.2.2 人员健康应符合下列规定：

1 施工作业区和生活办公区应分开布置，生活设施应远离有毒有害物质。

2 生活区应有专人负责，应有消暑或保暖措施。

3 现场工人劳动强度和工作时间应符合现行国家标准《体力劳动强度分级》GB 3869 的有关规定。

4 从事有毒、有害、有刺激性气味和强光、强噪声施工的人员应佩戴与其相应的防护器具。

5 深井、密闭环境、防水和室内装修施工应有自然通风或临时通风设施。

6 现场危险设备、地段、有毒物品存放地应配置醒目安全标志，施工应采取有效防毒、防污、防尘、防潮、通风等措施，应加强人员健康管理。

7 厕所、卫生设施、排水沟及阴暗潮湿地带应定期消毒。

8 食堂各类器具应清洁，个人卫生、操作行为应规范。

5.3.2 现场应设置可移动环保厕所，并应定期清运、消毒。

5.3.4 现场应有医务室，人员健康应急预案应完善。

施工项目部应对易燃易爆作业、吊装作业、高处作业、土方及管沟开挖作业、有刺激性挥发物作业、受限空间等危险性较大施工作业活动进行识别，编制危险作业安全管理计划，对相关作业人员实行上岗培训、教育及考试取证，并在施工前应进行技术交底，施工中严格检查和验收。根据现场作业人员工作性质、工种特点、防护要求，建立现场各类作业人员防护用品配备标准。对现场作业人员个人防护用品配备及发放情况进行统计登记，建立台账。对个人防护用品的日常使用进行检查指导、考核分析，督促防护用品的合理使用和正确配备。

【具体评价方式】

本条适用于各类民用建筑的运行评价。

运行评价：查阅职业健康安全管理计划，并检查其全面性；查阅承包商OHSAS 18000职业健康与安全体系文件；查阅现场作业危险源清单及其控制计划；查阅劳动保护用品或器具进货单，必要时核查现场作业人员个人防护用品配备及发放台账。

9.1.4 施工前应进行设计文件中绿色建筑重点内容的专项会审。

【条文说明扩展】

本条有关管理和指导性文件包括：①《建设项目环境保护管理条例》；②《国务院关于环境保护若干问题的决定》；③《国务院办公厅关于转发发展改革委住房城乡建设部绿色建筑行动方案的通知》；④《建设项目竣工环境保护验收管理办法》；⑤《关于建设项目环境保护设施竣工验收监测管理有关问题的通知》；⑥《实施工程建设强制性标准监督规定》；⑦《绿色建筑技术导则》；⑧《绿色施工导则》等。

与本条相关标准有：

国家标准《建筑工程绿色施工评价标准》GB/T 50640-2010 规定：

3.0.2 绿色施工项目应符合以下规定：

2 根据绿色施工要求进行图纸会审和深化设计。

行业标准《民用建筑绿色设计规范》JGJ/T 229-2010 规定：

3.0.5 方案和初步设计阶段的设计文件应有绿色设计专篇，施工图设计文件中应注明对绿色建筑施工与建筑运营管理的技术要求。

项目参建各方应在建设单位的统一组织协调下，各司其职、各负其责地参与项目绿色施工。因此，作为项目设计单位不仅在设计时应重视施工图设计文件的完善程度、设计方案的可实施性、"四节一环保"技术措施以及相关标准规范的要求，同时尚应考虑绿色建筑设计对于施工的可行性和便利性，以便于绿色建筑的落地。在项目设计图纸会审过程中，设计单位应充分、细致地向项目参建单位介绍绿色建筑设计的主导思想、构思和要求、采用的设计规范、确定的抗震设防烈度、防火等级、基础、结构、内外装修及机电设备设计，对主要建筑材料、构配件和设备的要求，所采用的节能、节水、节材及环境保护的具体技术要求以及施工中应特别注意的事项，以便于项目参建单位充分理解其设计意图；在项目施工过程中，通过与施工单位、监理单位充分沟通，设计单位可从其专业角度为施工单位实施绿色施工出谋划策，为项目最终实现绿色建筑"四节一环保"目标奠定坚实基础。

专项图纸会审一般应在工程项目开工前进行；当图纸不能及时提供时，也可以在分部分项工程开工前组织会审。

【具体评价方式】

本条适用于各类民用建筑的运行评价；也可在设计评价时进行预审。

运行评价：查阅绿色建筑重点内容说明文件，绿色建筑重点内容设计文件专项会审记录，包括绿色设计要点、施工单位提出的问题、设计单位的答复、会审结果与解决方法，需要进一步商讨的问题等。

设计评价预审时，查阅各专业设计文件说明。

9.2 评 分 项

Ⅰ 环 境 保 护

9.2.1 采取洒水、覆盖、遮挡等降尘措施，评价分值为 6 分。

【条文说明扩展】

与本条相关的法律法规和标准有：

《中华人民共和国大气污染防治法》规定：

第四十三条 城市人民政府应当采取绿化责任制、加强建设施工管理、扩大地面铺装面积、控制渣土堆放和清洁运输等措施，提高人均占有绿地面积，减少市区裸露地面和地面尘土，防治城市扬尘污染。

在城市市区进行建设施工或者从事其他产生扬尘污染活动的单位，必须按照当地环境保护的规定，采取防治扬尘污染的措施。

国务院有关行政主管部门应当将城市扬尘污染的控制状况作为城市环境综合整治考核的依据之一。

国家标准《建筑工程绿色施工规范》GB/T 50905-2014 规定：

3.3.1 施工现场扬尘控制应符合下列规定：

1 施工现场宜搭设封闭式垃圾站。

2 细散颗粒材料、易扬尘材料应封闭堆放、存储和运输。

3 施工现场出口应设冲洗池，施工场地、道路应采取定期洒水抑尘措施。

4 土石方作业区内扬尘目测高度应小于1.5m，结构施工、安装、装饰装修阶段目测扬尘高度应小于0.5m，不得扩散到工作区域外。

5 施工现场使用的热水锅炉等宜使用清洁燃料。不得在施工现场融化沥青或焚烧油毡、油漆以及其他产生有毒、有害烟尘和恶臭气体的物质。

降尘措施的主要对象是：土方工程、进出车辆、堆放土方、易飞扬材料的运输与保存、易产生扬尘的施工作业、高空垃圾清运。易产生扬尘的施工作业除了土方工程外，还有诸如拆除工程、爆破工程、切割工程、部分装饰装修工程和安装工程等。降尘措施应定期进行检查、记录，每月填写不少于一次。表9-1为降尘措施记录表，表中的施工阶段分为地基与基础、结构工程、装饰装修与机电安装三个阶段。降尘对象要明确、详细。

表 9-1 降尘措施记录表

工程名称		编号	
		填表日期	
施工单位		施工阶段	
降尘对象		降尘措施	
各方签字	建设单位	监理单位	施工单位

施工过程中可采取的具体降尘措施有：

1 施工现场的主要道路进行硬化处理，土方集中堆放。裸露的场地和集中堆放的土方采取覆盖、固化或绿化等措施。

2 拆除建筑物、构筑物时，采用隔离、洒水等措施，并在规定期限内将废弃物清理完毕。

3 施工现场土方作业采取防止扬尘措施。

4 从事土方、渣土和施工垃圾运输采用密闭式运输车辆或采取覆盖措施；施工现场出入口处对运输车辆采取保洁措施。

5 施工现场的材料和大模板等存放场地平整坚实。水泥和其他易飞扬的细颗粒建筑材料密闭存放或采取覆盖等措施。

6 施工现场混凝土搅拌场所采取封闭、降尘措施。

7 建筑物内施工垃圾的清运，采用相应容器或管道运输，严禁凌空抛掷。

8 施工现场设置密闭式垃圾站，施工垃圾、生活垃圾分类存放，并及时清运出场。

9 城区、旅游景点、疗养区、重点文物保护地及人口密集区的施工现场使用清洁能源。

10 施工现场的机械设备、车辆的尾气排放符合国家环保排放标准的要求。

11 施工现场严禁焚烧各类废弃物。

【具体评价方式】

本条适用于各类民用建筑的运行评价。若项目施工曾受到主管部门因扬尘超标的处罚，本条不得分。

运行评价：查阅施工单位编制的降尘计划书或绿色施工专项方案中降尘相关内容，并检查其可行性；查阅降尘措施实施记录，以及现场照片。

9.2.2 采取有效的降噪措施。在施工场界测量并记录噪声，满足现行国家标准《建筑施工场界环境噪声排放标准》GB 12523 的规定，评价分值为 6 分。

【条文说明扩展】

建筑施工过程中，施工噪声是主要的污染之一。与本条相关的法律法规和标准主要有：

《中华人民共和国环境噪声污染防治法》规定：

第二十八条 在城市市区范围内向周围生活环境排放建筑施工噪声的，应当符合国家规定的建筑施工场界环境噪声排放标准。

第二十九条 在城市市区范围内，建筑施工过程中使用机械设备，可能产生环境噪声污染的，施工单位必须在工程开工十五日以前向工程所在地县级以上地方人民政府环境保护行政主管部门申报该工程的项目名称、施工场所和期限、可能产生的环境噪声值以及所采取的环境噪声污染防治措施的情况。

第三十条 在城市市区噪声敏感建筑物集中区域内，禁止夜间进行产生环境噪声污染的建筑施工作业，但抢修、抢险作业和因生产工艺上要求或者特殊需要必须连续作业的除外。

因特殊需要必须连续作业的，必须有县级以上人民政府或者其有关主管部门的证明。

前款规定的夜间作业，必须公告附近居民。

9

国家标准《建筑施工场界环境噪声排放标准》GB 12523-2011 规定：

4.1 建筑施工过程中场界环境噪声不得超过表1规定的排放限值。

表1 建筑施工场界环境噪声排放限值 单位：dB（A）

昼间	夜间
70	55

4.2 夜间噪声最大声级超过限值的幅度不得高于15dB（A）。

5.6 测量记录

噪声测量时需做测量记录。记录内容应主要包括：被测量单位名称、地址、测量时气象条件、测量仪器、校准仪器、测点位置、测量时间、仪器校准值（测前、测后）、主要声源、示意图（场界、声源、噪声敏感建筑物、场界与噪声敏感建筑物间的距离、测点位置等）、噪声测量值、最大声级值（夜间时段）、背景噪声值、测量人员、校对人员、审核人员等相关信息。

国家标准《建筑工程绿色施工规范》GB/T50905-2014 规定：

3.3.2 噪声控制应符合下列规定：

1 施工现场宜对噪声进行实时监测；施工场界环境噪声排放昼间不应超过70dB（A），夜间不应超过55dB（A）。噪声测量方法应符合现行国家标准《建筑施工场界环境噪声排放标准》GB 12523 的规定。

2 施工过程宜使用低噪声、低振动的施工机械设备，对噪声控制要求较高的区域应采取隔声措施。

3 施工车辆进出现场，不宜鸣笛。

施工过程中可采取的具体降低施工噪声的措施有：

1 加强施工管理，合理安排作业时间，严格按照施工噪声管理的有关规定，夜间不得进行打桩作业。

2 尽量采用低噪声施工设备和噪声低的施工方法。

3 作业时在高噪声设备周围设置屏蔽。

4 加强运输车辆的管理，建材等运输尽量在白天进行，并控制车辆鸣笛。

表 9-2 为降噪措施记录表，表中的施工阶段分为地基与基础、结构工程、装饰装修与机电安装三个阶段。降尘对象要明确、详细。降噪措施需要按照下表每月填写不少于一次。

表 9-2 降噪措施记录表

工程名称		编号	
		填表日期	
施工单位		施工阶段	
噪声源		降噪措施	
各方签字	建设单位	监理单位	施工单位

【具体评价方式】

本条适用于各类民用建筑的运行评价。若项目施工曾受到主管部门因噪声排放超标的处罚，本条不得分。

运行评价：查阅施工单位编制的降噪计划书或绿色施工专项方案中降噪相关内容，审查降噪措施计划是否全面有效，查阅降噪措施记录表，重点包括噪声源是否全面、降噪措施是否合理有效；查阅场界噪声测量记录，以及现场照片。

9.2.3 制定并实施施工废弃物减量化、资源化计划，评价总分值为10分，并按下列规则分别评分并累计：

    1 制定施工废弃物减量化、资源化计划，得3分；

    2 可回收施工废弃物的回收率不小于80%，得3分；

    3 根据每10000m²建筑面积的施工固体废弃物排放量，按表9.2.3的规则评分，最高得4分。

表9.2.3 施工固体废弃物排放量评分规则

每10000m²建筑面积施工固体废弃物排放量 SW_c	得分
350t＜SW_c≤400t	1
300t＜SW_c≤350t	3
SW_c≤300t	4

【条文说明扩展】

与本条相关的法律法规和标准有：《中华人民共和国环境保护法》、《中华人民共和国固体废物污染环境防治法》、《中华人民共和国建设项目环境保护管理办法》、《建设工程项目管理规范》GB/T 50326、《建筑垃圾处理技术规范》CJJ 134、《危险废物贮存污染控制标准》GB 18597等。

国家标准《建筑工程绿色施工规范》GB/T 50905-2014对建筑垃圾处理有如下规定：

3.3.5 施工现场垃圾处理应符合下列规定：

1 垃圾应分类存放、按时处置。

2 应制定建筑垃圾减量计划，建筑垃圾的回收利用符合现行国家标准《工程施工废弃物再生利用技术规范》GB/T 50743的规定。

3 有毒有害废弃物的分类率应达到100%；对有可能造成二次污染的废弃物应单独储存，并设置醒目标识。

4 现场清理时，应采用封闭式运输，不得将施工垃圾从窗口、洞口、阳台等处抛撒。

《绿色施工导则》（建质〔2007〕223号）对建筑垃圾控制有如下规定：

4.2.6 建筑垃圾控制

1 制定建筑垃圾减量化计划，如住宅建筑，每万平方米的建筑垃圾不宜超过400吨。

2 加强建筑垃圾的回收再利用，力争建筑垃圾的再利用和回收率达到30%，建筑物拆除产生的废弃物的再利用和回收率大于40%。对于碎石类、土石方类建筑垃圾，可采用地基填埋、铺路等方式提高再利用率，力争再利用率大于50%。

3 施工现场生活区设置封闭式垃圾容器，施工场地生活垃圾实行袋装化，及时清运。对建筑垃圾进行分类，并收集到现场封闭式垃圾站，集中运出。

每万平方米建筑施工固体废弃物排放量根据材料进货单与工程量结算单，选择下述方法之一进行计算：

（1）废弃物排放量 = Σ[材料进货量－工程结算量]×10000/建筑总面积。

（2）根据废弃物排放到消纳场及回收站的统计数据计算。

【具体评价方式】

本条适用于各类民用建筑的运行评价。

运行评价：查阅建筑施工废弃物减量化资源化计划，建筑施工废弃物回收单据及回收率计算书，各类建筑材料进货单，各类工程量结算单，施工单位统计计算的每10000m² 建筑施工固体废弃物排放量，以及现场照片。

Ⅱ 资 源 节 约

9.2.4 制定并实施施工节能和用能方案，监测并记录施工能耗，评价总分值为8分，并按下列规则分别评分并累计：

1 制定并实施施工节能和用能方案，得1分；

2 监测并记录施工区、生活区的能耗，得3分；

3 监测并记录主要建筑材料、设备从供货商提供的货源地到施工现场运输的能耗，得3分；

4 监测并记录建筑施工废弃物从施工现场到废弃物处理/回收中心运输的能耗，得1分。

【条文说明扩展】

与本条相关的指导性文件和标准有：

《绿色施工导则》（建质〔2007〕223号）规定：

4.1.2 规划管理

2 绿色施工方案应包括以下内容：

（4）节能措施，进行施工节能策划，确定目标，制定节能措施。

4.5 节能与能源利用的技术要点

4.5.1 节能措施

1 制订合理施工能耗指标，提高施工能源利用率。

2 优先使用国家、行业推荐的节能、高效、环保的施工设备和机具，如选用变频技术的节能施工设备等。

3 施工现场分别设定生产、生活、办公和施工设备的用电控制指标，定期进行计量、核算、对比分析，并有预防与纠正措施。

4 在施工组织设计中，合理安排施工顺序、工作面，以减少作业区域的机具数量，相邻作业区充分利用共有的机具资源。安排施工工艺时，应优先考虑耗用电能的或其他能耗较少的施工工艺。避免设备额定功率远大于使用功率或超负荷使用设备的现象。

5 根据当地气候和自然资源条件，充分利用太阳能、地热等可再生能源。

4.5.2 机械设备与机具

1 建立施工机械设备管理制度，开展用电、用油计量，完善设备档案，及时做好维修保养工作，使机械设备保持低耗、高效的状态。

2 选择功率与负载相匹配的施工机械设备，避免大功率施工机械设备低负载长时间运行。机电安装可采用节电型机械设备，如逆变式电焊机和能耗低、效率高的手持电动工具等，以利节电。机械设备宜使用节能型油料添加剂，在可能的情况下，考虑回收利用，节约油量。

3 合理安排工序，提高各种机械的使用率和满载率，降低各种设备的单位耗能。

4.5.3 生产、生活及办公临时设施

1 利用场地自然条件，合理设计生产、生活及办公临时设施的体形、朝向、间距和窗墙面积比，使其获得良好的日照、通风和采光。南方地区可根据需要在其外墙窗设遮阳设施。

2 临时设施宜采用节能材料，墙体、屋面使用隔热性能好的材料，减少夏天空调、冬天取暖设备的使用时间及耗能量。

3 合理配置采暖、空调、风扇数量，规定使用时间，实行分段分时使用，节约用电。

4.5.4 施工用电及照明

1 临时用电优先选用节能电线和节能灯具，临电线路合理设计、布置，临电设备宜采用自动控制装置。采用声控、光控等节能照明灯具。

2 照明设计以满足最低照度为原则，照度不应超过最低照度的20%。

国家标准《建筑工程绿色施工评价标准》GB/T 50640－2010 规定：

8.1.1 对施工现场的生产、生活、办公和主要耗能施工设备设有节能的控制措施。

8.1.2 对主要耗能施工设备应定期进行耗能计量核算。

8.1.3 国家、行业、地方政府明令淘汰的施工设备、机具和产品不应使用。

8.2.4 材料运输与施工应符合下列规定：

1 建筑材料的选用应缩短运输距离，减少能源消耗。

国家标准《建筑工程绿色施工规范》GB/T 50905－2014 规定：

3.2.3 节能及能源利用应符合下列规定：

1 应合理安排施工顺序及施工区域，减少作业区机械设备数量。

2 应选择功率与负荷相匹配的施工机械设备，机械设备不宜低负荷运行，不宜采用自备电源。

3 应制定施工能耗指标，明确节能措施。

4 应建立施工机械设备档案和管理制度，机械设备应定期保养维修。

5 生产、生活、办公区域及主要机械设备宜分别进行耗能、耗水及排污计量，并做好相应记录。

9

6 应合理布置临时用电线路，选用节能器具，采用声控、光控和节能灯具；照明照度宜按最低照度设计。

7 宜利用太阳能、地热能、风能等可再生能源。

8 施工现场宜错峰用电。

施工中能耗的监测与记录，包括施工过程中现场及运输过程中所消耗的所有能源。能源形式包括原煤（t）、洗精煤（t）、其他洗煤（t）、焦炭（t）、焦炉煤气（万 m³）、高炉煤气（万 m³）、其他煤气（万 m³）、天然气（万 m³）、原油（t）、汽油（t）、煤油（t）、柴油（t）、燃料油（t）、液化石油气（t）、炼厂干气（t）、热力（百万千焦）、电力（万千瓦小时），最后将其折算为标准煤（t）。

施工区与生活区应分设电表，分别统计。施工区能耗包括施工区施工中各类作业、设备以及临建的用能；生活区能耗包括了生活区人员生活、各类设施、设备、临建的能耗。

主要建筑材料及设备从供货商供货地到现场的运输能耗，通过某类材料的运距、运次、每公里油耗等数据计算确定，也可以根据实际发生能耗统计确定。

建筑废弃物运输能耗，包括土方工程渣土的运输能耗，统计方式同上。

用能记录按照如下的"建筑工程施工用能记录表"格式填写：

建筑工程施工用能记录表（一）
（施工区用能记录）

工程名称				工程地点			
建筑类型		结构类型		建筑类型		结构类型	
开发商				承包商			

时间区间	施工区						折算为标煤（t）
	生产用电（kW/h）	办公区用电（kW/h）	施工设备用油（t）	其他用能（　）			
总计							

建筑工程施工用能记录表（二）
（生活区用能记录）

工程名称				工程地点			
建筑类型		结构类型		建筑类型		结构类型	
开发商				承包商			

时间区间	生活区						折算为标煤（t）
	用电（kW/h）	用油（t）	用气（m³）	其他用能（　）			
总计							

建筑工程施工用能记录表（三）
（材料、设备运输用能记录）

工程名称				工程地点			
建筑类型		结构类型		建筑类型		结构类型	
开发商				承包商			

时间区间	材料、设备名称	源地点	数量（t）	运距（km）	用油（t）		折算为标煤（t）
总计							

表中"源地点"为供货商供货的地点。

建筑工程施工用能记录表（四）
（废弃物等运输用能记录）

工程名称				工程地点			
建筑类型		结构类型		建筑类型		结构类型	
开发商				承包商			

时间区间	渣土、废弃物、回收品				公务车用油（t）	折算为标煤（t）
	名称	目标地点	数量（t）	运距（km）	用油（t）	
总计						

表中"名称"为渣土、废弃物或回收品。

【具体评价方式】

本条适用于各类民用建筑的运行评价。

运行评价：查阅施工节能和用能方案及其实施情况报告，包括电表安装证明；查阅各部分（施工区、生活区、材料设备运输和废弃物运输）用能监测记录和能耗总量（生活区不在施工现场的仅记录施工区能耗），其中有记录的建筑材料占所有建筑材料重量的85%以上；查阅施工单位统计计算的建成每 m² 建筑实际能耗值，审查其真实性和完整性；查阅现场照片。

9.2.5 制定并实施施工节水和用水方案，监测并记录施工水耗，评价总分值为 8 分，并按下列规则分别评分并累计：

1 制定并实施施工节水和用水方案，得2分；

2 监测并记录施工区、生活区的水耗数据，得4分；

3 监测并记录基坑降水的抽取量、排放量和利用量数据，得2分。

【条文说明扩展】

与本条相关的指导性文件和标准有：

《绿色施工导则》（建质［2007］223号）规定：

4.1.2 规划管理

2 绿色施工方案应包括以下内容：

（3）节水措施，根据工程所在地的水资源状况，制定节水措施。

4.4 节水与水资源利用的技术要点

4.4.1 提高用水效率

1 施工中采用先进的节水施工工艺。

2 施工现场喷洒路面、绿化浇灌不宜使用市政自来水。现场搅拌用水、养护用水应采取有效的节水措施，严禁无措施浇水养护混凝土。

3 施工现场供水管网应根据用水量设计布置，管径合理、管路简捷，采取有效措施减少管网和用水器具的漏损。

4 现场机具、设备、车辆冲洗用水必须设立循环用水装置。施工现场办公区、生活区的生活用水采用节水系统和节水器具，提高节水器具配置比率。项目临时用水应使用节水型产品，安装计量装置，采取针对性的节水措施。

5 施工现场建立可再利用水的收集处理系统，使水资源得到梯级循环利用。

6 施工现场分别对生活用水与工程用水确定用水定额指标，并分别计量管理。

7 大型工程的不同单项工程、不同标段、不同分包生活区，凡具备条件的应分别计量用水量。在签订不同标段分包或劳务合同时，将节水定额指标纳入合同条款，进行计量考核。

8 对混凝土搅拌站点等用水集中的区域和工艺点进行专项计量考核。施工现场建立雨水、中水或可再利用水的搜集利用系统。

4.4.2 非传统水源利用

1 优先采用中水搅拌、中水养护，有条件的地区和工程应收集雨水养护。

2 处于基坑降水阶段的工地，宜优先采用地下水作为混凝土搅拌用水、养护用水、冲洗用水和部分生活用水。

3 现场机具、设备、车辆冲洗、喷洒路面、绿化浇灌等用水，优先采用非传统水源，尽量不使用市政自来水。

4 大型施工现场，尤其是雨量充沛地区的大型施工现场建立雨水收集利用系统，充分收集自然降水用于施工和生活中适宜的部位。

5 力争施工中非传统水源和循环水的再利用量大于30%。

4.4.3 用水安全

在非传统水源和现场循环再利用水的使用过程中，应制定有效的水质检测与卫生保障措施，确保避免对人体健康、工程质量以及周围环境产生不良影响。

《建筑工程绿色施工评价标准》GB/T 50640－2010 规定:

7.1.1 签订标段分包或劳务合同时,应将节水指标纳入合同条款。

7.1.2 应有计量考核记录。

国家标准《建筑工程绿色施工规范》GB/T 50905－2014 规定:

3.2.2 节水及水资源利用应符合下列规定:

1 现场应结合给排水点位置进行管线线路和阀门预设位置的设计,并采取管网和用水器具防渗透的措施。

2 施工现场办公区、生活区的生活用水应采用节水器具。

3 宜建立雨水、中水或其他可利用水资源的收集利用系统。

4 应按生活用水与工程用水的定额指标进行控制。

5 施工现场喷洒路面、绿化浇灌不宜使用自来水。

施工过程中施工区、生活区的水耗是指消耗的城市市政提供的工业或生活用自来水,根据水表的用水量统计。

基坑降水的抽取量、排放量和利用量根据实际数据统计确定。

用水记录按照如下的"建筑工程施工用水记录表"格式填写:

建筑工程施工用水记录表

工程名称				工程地点			
建筑类型		结构类型		建筑类型		结构类型	
开发商				承包商			
							单位:立方米

时间区间	施工区		生活区	基坑水			其他循环水利用
	生产用水	办公用水		抽水	直接排放	利用	
总计							

【具体评价方式】

本条适用于各类民用建筑的运行评价。

运行评价:查阅施工节水和用水方案及其实施情况报告,包括水表安装证明;查阅各部分用水监测记录和用水总量记录(生活区不在施工现场的仅记录施工区水耗);查阅有监理证明的非传统水源使用记录以及项目配置的施工现场非传统水源使用设施;查阅施工单位统计计算的建成每 m² 建筑实际水耗值,审查其真实性和完整性;查阅现场照片、影像等证明资料。

9.2.6 减少预拌混凝土的损耗,评价总分值为 6 分。损耗率降低至 1.5%,得 3 分;降低至 1.0%,得 6 分。

【条文说明扩展】

与本条相关的国家政策和指导性文件有：商务部、公安部、建设部、交通部 2003 年《关于限期禁止在城市城区现场搅拌混凝土的通知》，《绿色施工导则》（建质 [2007] 223 号），商务部 2011 年《商务部关于"十二五"期间加快散装水泥发展的指导意见》。相关的指导性文件和标准有：

《绿色施工导则》（建质 [2007] 223 号）规定：

4.3.1 节材措施

1 图纸会审时，应审核节材与材料资源利用的相关内容，达到材料损耗率比定额损耗率降低 30%。

4.3.2 结构材料

1 推广使用预拌混凝土和商品砂浆。准确计算采购数量、供应频率、施工速度等，在施工过程中动态控制。结构工程使用散装水泥。

《建筑工程绿色施工评价标准》GB/T 50640－2010 规定：

9.2.1 节约用地应符合下列规定：

5 应采用预拌混凝土。

计算预拌混凝土损耗率需要的基础资料是预拌混凝土进货单、预拌混凝土工程量计算单。预拌混凝土损耗率可按以下方法计算：

预拌混凝土损耗率 ＝ [（预拌混凝土进货量－工程需要预拌混凝土理论量）/ 工程需要预拌混凝土理论量] × 100%。

工程需要预拌混凝土理论量为根据实际实施的施工图计算的预拌混凝土工程量计算单中预拌混凝土的合计量（不包括定额损耗量）。

【具体评价方式】

本条适用于各类民用建筑的运行评价；也可在设计评价时进行预审。

运行评价：查阅预拌混凝土供货合同、预拌混凝土进货单、预拌混凝土工程量计算单，查阅施工单位统计计算的预拌混凝土损耗率，审查其真实性和完整性。

设计评价预审时，查阅采用预拌混凝土的设计文件及说明，有关建议文件，或减少损耗的措施计划。

9.2.7 采取措施降低钢筋损耗，评价总分值为 8 分，并按下列规则评分：

1 80% 以上的钢筋采用专业化生产的成型钢筋，得 8 分。

2 根据现场加工钢筋损耗率，按表 9.2.7 的规则评分，最高得 8 分。

表 9.2.7 现场加工钢筋损耗率评分规则

现场加工钢筋损耗率 LR_{sb}	得分
$3.5\% < LR_{sb} \leqslant 4.0\%$	4
$1.5\% < LR_{sb} \leqslant 3.0\%$	6
$LR_{sb} \leqslant 1.5\%$	8

【条文说明扩展】

与本条相关的国家政策和指导性文件有：工信部、住房城乡建设部 2012 年《关于加快应用高强钢筋的指导意见》，《绿色施工导则》（建质〔2007〕223 号）。相关的指导性文件和标准有：

《绿色施工导则》（建质〔2007〕223 号）规定：

4.3.1 节材措施

1 图纸会审时，应审核节材与材料资源利用的相关内容，达到材料损耗率比定额损耗率降低 30%。

4.3.2 结构材料

2 推广使用高强钢筋和高性能混凝土，减少资源消耗。

3 推广钢筋专业化加工和配送。

4 优化钢筋配料和钢构件下料方案。钢筋及钢结构制作前应对下料单及样品进行复核，无误后方可批量下料。

5 优化钢结构制作和安装方法。大型钢结构宜采用工厂制作，现场拼装；宜采用分段吊装、整体提升、滑移、顶升等安装方法，减少方案的措施用材量。

《建筑工程绿色施工评价标准》GB/T 50640－2010 规定：

6.2.2 材料节约应符合下列规定：

4 应优化线材下料方案。

成型钢筋使用率、现场加工钢筋损耗率的基础资料是成型钢筋进货单、钢筋工程量清单、钢筋用量结算清单、钢筋进货单或其他有关证明材料。成型钢筋使用率、现场加工钢筋损耗率可按以下方法计算：

成型钢筋使用率＝（成型钢筋进货量／钢筋使用结算量）×100%；

现场加工钢筋损耗率＝［（钢筋进货量－工程需要钢筋理论量）／工程需要钢筋理论量］×100%；

工程需要钢筋理论量为根据实际实施的施工图计算的钢筋工程量清单中钢筋的合计量（不包括定额损耗量）。

【具体评价方式】

本条适用于各类民用建筑的运行评价；也可在设计评价时进行预审。

采用成型钢筋时，运行评价查阅成型钢筋进货单、钢筋用量结算清单、施工单位统计计算的成型钢筋使用率，核算成型钢筋使用率。查阅现场照片。

现场加工钢筋时，运行评价查阅钢筋进货单、钢筋工程量清单、施工单位统计计算的现场加工钢筋损耗率，审查相关材料的真实性。

设计评价预审时，查阅采用成型钢筋的设计文件及说明，或有关建议文件，或减少损耗的措施计划。

9.2.8 使用工具式定型模板，增加模板周转次数，评价总分值为 10 分，根据工具式定型模板使用面积占模板工程总面积的比例按表 9.2.8 的规则评分。

9

表 9.2.8　工具式定型模板使用率评分规则

工具式定型模板使用面积占模板工程总面积的比例 R_{sf}	得分
$50\% \leqslant R_{sf} < 70\%$	6
$70\% \leqslant R_{sf} < 85\%$	8
$R_{sf} \geqslant 85\%$	10

【条文说明扩展】

与本条相关的国家政策和指导性文件有：建设部 2007 年《建筑业企业资质管理规定》中有关模板作业劳务分包企业资质标准的规定，《绿色施工导则》（建质〔2007〕223 号）等。相关的指导性文件和标准有：

《绿色施工导则》（建质〔2007〕223 号）规定：

4.3.1　节材措施

1　图纸会审时，应审核节材与材料资源利用的相关内容，达到材料损耗率比定额损耗率降低 30%。

4.3.5　周转材料

1　应选用耐用、维护与拆卸方便的周转材料和机具。

2　优先选用制作、安装、拆除一体化的专业队伍进行模板工程施工。

3　模板应以节约自然资源为原则，推广使用定型钢模、钢框竹模、竹胶板。

4　施工前应对模板工程的方案进行优化。多层、高层建筑使用可重复利用的模板体系，模板支撑宜采用工具式支撑。

5　优化高层建筑的外脚手架方案，采用整体提升、分段悬挑等方案。

6　推广采用外墙保温板替代混凝土施工模板的技术。

7　现场办公和生活用房采用周转式活动房。现场围挡应最大限度地利用已有围墙，或采用装配式可重复使用围挡封闭。力争工地临房、临时围挡材料的可重复使用率达到 70%。

《建筑工程绿色施工评价标准》GB/T 50640-2010 规定：

6.2.2　材料节约应符合下列规定：

2　应采用工具式模板和新型模板材料，如铝合金、塑料、玻璃钢和其他可再生材质的大模板和钢框镶边模板。

7　应提高模板、脚手架体系的周转率。

6.3.3　主体结构施工应选择自动提升、顶升模架或工作平台。

6.3.6　水平承重模板应采用早拆支撑体系。

国家标准《建筑工程绿色施工规范》GB/T 50905-2014 规定：

7.2.10　应选用周转率高的模板和支撑体系。模板宜选用可回收利用高的塑料、铝合金等材料。

7.2.11　宜使用大模板、定型模板、爬升模板和早拆模板等工业化模板及支撑体系。

7.2.12　当采用木或竹制模板时，宜采取工厂化定型加工、现场安装的方式，不得在工作面上直接加工拼装。在现场加工时，应设封闭场所集中加工，并采取隔声和防粉尘污染措施。

工具式定型模板使用率即为工具式定型模板使用面积占模板工程总面积的比例。

工具式定型模板使用率 ＝（使用定型模板的模板工程面积／模板工程总面积）× 100%。

【具体评价方式】

本条适用于各类民用建筑的运行评价。对上部结构不使用模板的项目，本条得10分。

运行评价：查阅模板工程施工方案，定型模板进货单或租赁合同；查阅模板工程量清单，以及施工单位统计计算的工具式定型模板使用率；审查定型模板进货单或租赁合同的合理性；查阅现场照片。

Ⅲ 过 程 管 理

9.2.9 实施设计文件中绿色建筑重点内容，评价总分值为4分，并按下列规则分别评分并累计：

1 进行绿色建筑重点内容的专项交底，得2分；

2 施工过程中以施工日志记录绿色建筑重点内容的实施情况，得2分。

【条文说明扩展】

与本条相关的指导性文件和标准有：

《绿色施工导则》（建质［2007］223号）

2.2 实施绿色施工，应对施工策划、材料采购、现场施工、工程验收等各阶段进行控制，加强对整个施工过程的管理和监督。

4.1.3 实施管理

1 绿色施工应对整个施工过程实施动态管理，加强对施工策划、施工准备、材料采购、现场施工、工程验收等各阶段的管理和监督。

《建筑工程绿色施工评价标准》GB/T 50640-2010规定：

3.0.2 绿色施工项目应符合下列规定：

2 根据绿色施工要求进行图纸会审和深化设计。

4 工程技术交底应包含绿色施工内容。

8 采集和保存过程管理资料、见证资料和自检评价记录等绿色施工资料。

《高层建筑混凝土结构技术规程》JGJ 3-2010规定：

13.13.1 高层建筑施工组织设计和施工方案应符合绿色施工的要求，并应进行绿色施工教育和培训。

13.13.2 应控制混凝土中碱、氯、氨等有害物质含量。

13.13.3 施工中应采用下列节能与能源利用措施：

1 制定措施提高各种机械的使用率和满载率；

2 采用节能设备和施工节能照明工具，使用节能型的用电器具；

9

3 对设备进行定期维护保养。

13.13.4 施工中应采用下列节水及水资源利用措施：

1 施工过程中对水资源进行管理；

2 采用施工节水工艺、节水设施并安装计量装置；

3 深基坑施工时，应采取地下水的控制措施；

4 有条件的工地宜建立水网，实施水资源的循环使用。

13.13.5 施工中应采用下列节材及材料利用措施：

1 采用节材与材料资源合理利用的新技术、新工艺、新材料和新设备；

2 宜采用可循环利用材料；

3 废弃物应分类回收，并进行再生利用。

13.13.6 施工中应采取下列节地措施：

1 合理布置施工总平面；

2 节约施工用地及临时设施用地，避免或减少二次搬运；

3 组织分段流水施工，进行劳动力平衡，减少临时设施和周转材料数量。

13.13.7 施工中的环境保护应符合下列规定：

1 对施工过程中的环境因素进行分析，制定环境保护措施；

2 现场采取降尘措施；

3 现场采取降噪措施；

4 采用环保建筑材料；

5 采取防光污染措施；

6 现场污水排放应符合相关规定，进出现场车辆应进行清洗；

7 施工现场垃圾应按规定进行分类和排放；

8 油漆、机油等应妥善保存，不得遗洒。

施工单位在编制施工组织设计和施工方案时要明确绿色建筑的重点内容，制定有针对性的技术措施。

施工单位人员应深刻理解设计文件中绿色建筑的重点内容，进行专项交底，将绿色建筑重点内容落实到工程施工中。

在施工过程中，施工单位应将如何按照设计文件要求，贯彻施工组织设计和施工方案中绿色建筑重点内容的情况详细记录，以便查阅和进行评价。

【具体评价方式】

本条适用于各类民用建筑的运行评价。

运行评价：查阅施工单位绿色建筑重点内容的专项交底记录、施工日志，审查专项交底记录中是否明确了绿色建筑的重点内容，以及施工日志体现的实施情况；查阅专项交底时及现场的照片。

9.2.10 严格控制设计文件变更，避免出现降低建筑绿色性能的重大变更，评价分值为 4 分。

【条文说明扩展】

建设工程项目具有投资大、工期长、施工过程复杂，且受周围环境及主、客观因素

（条件）影响大等特点，因此，在项目施工过程中，可能受各种因素影响或制约，需要进行设计变更。

设计变更应具体说明变更产生的背景和原因。确属原设计不能保证工程质量，如工程地质勘察资料不准确或设计遗漏和确有错误以及与现场条件不符，无法正常施工的，方可办理设计变更。建设单位对设计图纸的合理修改意见，应在施工之前提出。应坚决杜绝设计变更内容不明确的情形，或降低绿色建筑性能的重大变更。

住房城乡建设部和国家工商行政管理总局于 2013 年发布的《建设工程施工合同（示范文本）》（GF－2013－0201）中，对工程设计变更有如下规定：

涉及设计变更的，应由设计人提供变更后的图纸和说明。如变更超过原设计标准或批准的建设规模时，发包人应及时办理规划、设计变更等审批手续。

【具体评价方式】

本条适用于各类民用建筑的运行评价。

运行评价：查阅绿色建筑重点内容设计文件变更记录、洽商记录、会议纪要、设计变更申请表、设计变更通知单、施工日志记录和涉及严重影响建筑绿色性能的工程竣工图等工程资料或档案，审查设计变更是否造成对建筑绿色性能的重大影响。

9.2.11 施工过程中采取相关措施保证建筑的耐久性，评价总分值为 8 分，并按下列规则分别评分并累计：

  1 对保证建筑结构耐久性的技术措施进行相应检测并记录，得 3 分；

  2 对有节能、环保要求的设备进行相应检验并记录，得 3 分；

  3 对有节能、环保要求的装修装饰材料进行相应检验并记录，得 2 分。

【条文说明扩展】

建筑结构的设计使用年限是建立在预定的维修与使用条件下的。据来自住房和城乡建设部的统计，目前，在我国现有近 70 亿 m^2 的各类城镇房屋建筑中，已超过 50％进入老化阶段，其中大量建筑结构需加固改造才能达到设计使用年限的要求。目前，我国建筑结构设计与施工规范，重点放在各种荷载作用下的结构强度要求，而对环境因素作用（如干湿、冻融等大气侵蚀以及建筑工程周围水、土中有害化学介质侵蚀等）下的耐久性要求则相对考虑较少。本条要求在施工过程中采取措施保证建筑的耐久性，包括建筑结构耐久性技术措施、有关设备和装饰装修材料按相关标准规定进行的进场检验（含抽样复验）。

与本条相关的标准主要有：

国家标准《混凝土结构耐久性设计规范》GB/T 50476－2008：该标准适用于常见环境作用下房屋建筑、城市桥梁、隧道等市政基础设施与一般构筑物中普通混凝土结构及其构件的耐久性设计，不适用于轻骨料混凝土及其他特种混凝土结构。

行业标准《混凝土耐久性检验评定标准》JGJ/T 193－2009：该标准适用于建筑与市政工程中混凝土耐久性的检验与评定。

各类材料结构设计、施工和验收规范：如混凝土结构设计规范、施工规范、验收规范，钢结构设计规范、施工规范、验收规范等，对耐久性设计、施工、验收作出相应规定。

9

国家标准《建筑节能工程施工质量验收规范》GB 50411－2007 规定：

3.2.2　材料和设备进场验收应遵守下列规定：

1　对材料和设备的品种、规格、包装、外观和尺寸等进行检查验收，并应经监理工程师（建设单位代表）确认，形成相应的验收记录。

2　对材料和设备的质量证明文件进行核查，并应经监理工程师（建设单位代表）确认，纳入工程技术档案。进入施工现场用于节能工程的材料和设备均应具有出厂合格证、中文说明书及相关性能检测报告；定型产品和成套技术应有型式检验报告，进口材料和设备应按规定进行出入境商品检验。

3　对材料和设备应按照本规范附录 A 及各章的规定在施工现场抽样复验。复验应为见证取样送检。

【具体评价方式】

本条适用于各类民用建筑的运行评价。

运行评价：查阅建筑结构耐久性有关的施工组织设计或专项施工方案和检测报告，节能环保设备的进场检验记录和有关检测报告，装修装饰材料进场检验记录和有关检测报告。

9.2.12　实现土建装修一体化施工，评价总分值为 14 分，并按下列规则分别评分并累计：

1　工程竣工时主要功能空间的使用功能完备，装修到位，得 3 分；

2　提供装修材料检测报告、机电设备检测报告、性能复试报告，得 4 分；

3　提供建筑竣工验收证明、建筑质量保修书、使用说明书，得 4 分；

4　提供业主反馈意见书，得 3 分。

【条文说明扩展】

推广土建装修一体化有利于降低装修成本，保证工程质量、消除安隐患。土建与装修工程一体化设计施工需要业主、设计院以及施工方的通力合作。

以我国商品住宅土建装修一体化为例，目前在推进过程中，存在着如下问题：

1　政府支持力度不够。土建装修一体化除了缺乏具有较强约束性法律法规和相关政策不配套外，其装修质量、造价（销售价格）、质保维修也很难在房地产开发商与购房者之间达成共识。加之，"个性化装修"渐成趋势，所以，最终导致开发商与购房者都愿意选择"毛坯房"交房。

2　土建装修一体化产业链不完善。新建商品住宅土建装修一体化产业链主要是由设计方（包括建筑设计单位和装饰设计公司）、施工单位（包括土建单位和装饰施工公司）、供应商（包括建材供应商和部品供应商）三方组成。目前，设计、施工与供应商三方如何进行有效配合与衔接，仍然存在着"盲区"，因而，使得已进行土建装修一体化的房屋整体质量与性能大打折扣。

【具体评价方式】

本条适用于住宅建筑的运行评价；也可在设计评价时进行预审。

运行评价：查阅主要功能空间验收时的实景照片及说明；审查土建装修一体化施工与

设计文件的一致性；查阅装修材料、机电设备检测报告、性能复试报告，审查相关检测报告的完整性、合规性；查阅建筑竣工验收证明、建筑质量保修书、使用说明书、业主反馈意见书等。

设计评价预审时，查阅土建装修一体化设计图纸、效果图。

9.2.13 工程竣工验收前，由建设单位组织有关责任单位，进行机电系统的综合调试和联合试运转，结果符合设计要求，评价分值为8分。

【条文说明扩展】

在工程竣工验收前，由建设单位组织，施工单位负责、监理单位监督，设计单位参与和配合组成调试小组进行机电系统的综合调试和联合运转，这对于检验建筑机电系统的设计是否正确、施工安装是否可靠、设备性能及运行是否达到设计目标，从而保证绿色建筑的运行效果至关重要。

与本条相关的标准规定有：

《通风与空调工程施工质量验收规范》GB 50243-2002规定：

11.1.4 通风与空调工程系统无生产负荷的联合试运转及调试，应在制冷设备和通风与空调设备单机试运转合格后进行。空调系统带冷（热）源的正常联合试运转不应少于8h，当竣工季节与设计条件相差较大时，仅做不带冷（热）源试运转。通风、除尘系统的连续试运转不应少于2h。

11.1.5 净化空调系统运行前应在回风、新风的吸入口处和粗、中效过滤器前设置临时用过滤器（如无纺布等），实行对系统的保护。净化空调系统的检测和调整，应在系统进行全面清扫，且已运行24h及以上达到稳定后进行。

《建筑电气工程施工质量验收规范》GB 50303-2002规定：

10.2.1 成套配电（控制）柜台、箱、盘的运行电压、电流应正常，各种仪表指示正常。

10.2.2 电动机应试通电，检查转向和机械转动有无异常情况；可空载试运行的电动机，时间一般为2h，记录空载电流，且检查机身和轴承的温升。

10.2.3 交流电动机在空载状态下（不投料）可启动次数及间隔时间应符合产品技术条件的要求；无要求时，连续启动2次的时间间隔不应小于5min，再次启动应在电动机冷却至常温下。空载状态（不投料）运行，应记录电流、电压、温度、运行时间等有关数据，且应符合建筑设备或工艺装置的空载状态运行（不投料）要求。

10.2.4 大容量（630A及以上）导线或母线连接处，在设计计算负荷运行情况下应做温度抽测记录，温升值稳定且不大于设计值。

10.2.5 电动执行机构的动作方向及指示，应与工艺装置的设计要求保持一致。

《建筑给水排水及采暖工程施工质量验收规范》GB 50242-2002规定：

4.2.2 给水系统交付使用前必须进行通水试验并做好记录。

检验方法：观察和开启阀门、水嘴等放水。

6.2.1 热水供应系统安装完毕，管道保温之前应进行水压试验。试验压力应符合设

9

计要求。当设计未注明时，热水供应系统水压试验压力应为系统顶点的工作压力加0.1MPa，同时在系统顶点的试验压力不小于0.3MPa。

检验方法：钢管或复合管道系统试验压力下10min内压力降不大于0.02MPa，然后降至工作压力检查，压力应不降，且不渗不漏；塑料管道系统在试验压力下稳压1h，压力降不得超过0.05MPa，然后在工作压力1.15倍状态下稳压2h，压力降不得超过0.03MPa，连接处不得渗漏。

8.6.1 采暖系统安装完毕，管道保温之前应进行水压试验。试验压力应符合设计要求。当设计未注明时，应符合下列规定：

1 蒸汽、热水采暖系统，应以系统顶点工作压力加0.1MPa作水压试验，同时在系统顶点的试验压力不小于0.3MPa。

2 高温热水采暖系统，试验压力应为系统顶点工作压力加0.4MPa。

3 使用塑料管及复合管的热水采暖系统，应以系统顶点工作压力加0.2MPa作水压试验，同时在系统顶点的试验压力不小于0.4MPa。

检验方法：使用钢管及复合管的采暖系统应在试验压力下10min内压力降不大于0.02MPa，降至工作压力后检查，不渗、不漏；

使用塑料管的采暖系统应在试验压力下1h内压力降不大于0.05MPa，然后降压至工作压力，1.15倍，稳压2h，压力降不大于0.03MPa，同时各连接处不渗、不漏。

8.6.2 系统试压合格后，应对系统进行冲洗并清扫过滤器及除污器。

检验方法：现场观察，直至排出水不含泥沙、铁屑等杂质，且水色不浑浊为合格。

8.6.3 系统冲洗完毕应充水、加热，进行试运行和调试。

检验方法：观察、测量室温应满足设计要求。

9.2.7 给水管道在竣工后，必须对管道进行冲洗，饮用水管道还要在冲洗后进行消毒，满足饮用水卫生要求。

检验方法：观察冲洗水的浊度，查看有关部门提供的检验报告。

11.3.1 热管道的水压试验压力应为工作压力的1.5倍，但不得小于0.6MPa。

检验方法：在试验压力下10min内压力降不大于0.05 MPa，然后降至工作压力下检查，不渗不漏。

11.3.2 管道试压合格后，应进行冲洗。

检验方法：现场观察，以水色不浑浊为合格。

11.3.3 管道冲洗完毕应通水、加热，进行试运行和调试。当不具备加热条件时，应延期进行。

检验方法：测量各建筑物热力入口处供回水温度及压力。

11.3.4 供热管道作水压试验时，试验管道上的阀门应开启，试验管道与非试验管道应隔断。

检验方法：开启和关闭阀门检查。

【具体评价方式】

本条适用于各类民用建筑的运行评价；也可在设计评价时进行预审。

运行评价时，查阅施工日志、调试运转记录，主要材料如下：

1 通风空调系统调试内容，调试步骤、方法，调试要求，检测要求，调试报告（包括调试记录，调试数据整理与分析结果）；

2 空调水系统调试内容，调试步骤、方法，调试要求，检测要求，调试报告（包括调试记录，调试数据整理与分析结果）；

3 给水管道系统调试内容，调试步骤、方法，调试要求，检测要求，调试报告（包括调试记录，调试数据整理与分析结果）；

4 热水系统调试内容，调试步骤、方法，调试要求，检测要求，调试报告（包括调试记录，调试数据整理与分析结果）；

5 电气照明及动力系统调试内容，调试步骤、方法，调试要求，检测要求，调试报告（包括调试记录，调试数据整理与分析结果）。

此外，还应重点包括综合调试和联合试运行的相关材料，并审查综合调试和联合试运转结果与设计要求的一致性。

设计评价预审时，查阅以上各机电系统设计图纸及说明，以及综合调试和联合试运转方案和技术要求。

10 运 营 管 理

10.1 控 制 项

10.1.1 应制定并实施节能、节水、节材、绿化管理制度。

【条文说明扩展】

节能管理制度主要包括节能管理模式、收费模式和节能方案等内容。应制定节能目标，完善能源计量措施，明确各方责任，建立约束和激励机制。

节水管理制度主要包括梯级用水原则和节水方案。

节材管理制度主要包括建筑、设备、系统的维护制度和耗材管理制度。

绿化管理制度主要包括绿化用水计量，建立并完善节水型灌溉系统，规范杀虫剂、除草剂、化肥、农药等化学品的使用等规定。

【具体评价方式】

本条适用于各类民用建筑的运行评价。

运行评价时，重点关注通过有效的管理措施来降低能源资源消耗，实现绿色运营目标。

本条重点审查物业管理机构是否制定了节能、节水、节材和绿化管理制度，是否切实执行并具有日常管理记录，并结合现场考察（有条件时还可采用用户抽样调查）确认各项制度是否得到实施。

管理制度及其实施的评价主要包括下列内容：

1 节能管理模式等的合理性、可行性及落实程度。

2 用水原则和节水方案等的合理性，各类用水计量的规范性，以及节水效果。

3 建筑、设备、系统的维护制度和耗材管理制度的合理性及实施情况。

4 各种杀虫剂、除草剂、化肥、农药等化学品管理制度的合理性及使用的规范性。

日常管理记录（连续一年）主要包括下列内容：

1 节能管理记录应记录各项主要用能系统和设备的运行情况、能源消耗的逐月数据；

2 节水管理记录应记录各级水表计量的逐月数据；

3 节材管理记录应记录建筑、设备和系统的维护情况和材料使用台账；

4 绿化管理记录应记录绿化养护、灌溉用水情况，化学品使用情况。

10.1.2 应制定垃圾管理制度，合理规划垃圾物流，对生活废弃物进行分类收集，垃圾容器设置规范。

【条文说明扩展】

生活垃圾的管理，应根据相关现行标准，以及当地城市环境卫生专业规划要求，结合本地区垃圾的特性和处理方式选择垃圾分类方法。确定垃圾分类方法后，制定相应的垃圾管理制度，严格控制垃圾分类收集、清运、处理等一系列环节。垃圾管理制度应当包括：分类垃圾容器（投放箱、投放点等）设置，分类垃圾收集点设置，采用的运输工具和器具，垃圾物流措施，不同类别垃圾的处理设施等。

生活垃圾管理应符合下列要求：

1 垃圾收集站（收集点）的规划、设计、建设、验收、运营及维护应符合现行行业标准《生活垃圾收集站技术规程》CJJ 179 的规定。

2 垃圾收集站（收集点）配套容器应符合现行行业标准《城市环境卫生专用设备 清扫 收集 运输》CJ/T 16、《塑料垃圾桶通用技术条件》CJ/T 280、《废物箱通用技术条件》CJ/T 377、《城镇环境卫生设施设置标准》CJJ 27 的规定。

3 垃圾收集点、容器和机具应具有明显的标识，标识文字和图案应符合现行标准《城市生活垃圾分类标志》GB/T 19095、《环境卫生图形符号标准》CJJ/T 125 的规定。

垃圾容器应置于避风处。垃圾容器的密闭性能及其规格应符合相关标准的要求，其设放位置、数量、外观色彩及标志应满足垃圾分类收集的要求。对生活垃圾，应根据垃圾来源、可否回用、处理难易度等进行分类，对其中可再利用或可再生的材料进行回收处理。设置小型有机厨余垃圾处理设施时，应具有有机厨余垃圾的收集保障措施，合理配置处理设施。

当建筑物具有规模化的餐饮业时，应对隔油池加强管理，及时清运，避免影响环境。

【具体评价方式】

本条适用于各类民用建筑的运行评价；也可在设计评价时进行预审。

运行评价时，重点关注生活垃圾管理制度是否完善、合理，垃圾容器是否设置规范并符合要求。本条评价主要包括下列内容：

1 垃圾管理制度应明确垃圾分类方式，如对可回收垃圾、厨余垃圾、有害垃圾进行分类收集。

2 场地内应设置分类容器，且具有便于识别的标志。

3 垃圾收集和运输过程符合相关规定，垃圾物流合理。

4 垃圾分类收集后不得随意混合，不得在专门处理设施外处置垃圾。

5 审阅垃圾收集、清运、处理的设施清单，并现场核查垃圾收集、清运的效果。如设有小型有机厨余垃圾处理设施，需现场查看设施运行情况，以及处理后污水、污泥的处置情况。

设计评价预审时，审阅垃圾收集和运输的规划，以及垃圾容器设置计划。

10.1.3 运行过程中产生的废气、污水等污染物应达标排放。

【条文说明扩展】

本条的目的是杜绝建筑运营过程中废气、污水等的不达标排放。建筑在运营过程中，除产生垃圾外，还会产生废气、污水等，可能造成多种有机和无机的化学污染、放射性等物理污染以及病原体等生物污染。对居住建筑，主要体现为生活污水排放。对公共建筑，除生活污水外，还有餐饮污水、油烟气体等的排放。为此，需要设置相应设施，通过合理技术措施和排放管理，进行无害化处理，杜绝建筑运行过程中相关污染物的不达标排放。

相关污染物的排放应符合现行标准《大气污染物综合排放标准》GB 16297、《锅炉大

10

气污染物排放标准》GB 13271、《饮食业油烟排放标准》GB 18483、《污水综合排放标准》GB 8978、《医疗机构水污染物排放标准》GB 18466、《污水排入城镇下水道水质标准》CJ 343、《社会生活环境噪声排放标准》GB 22337、《制冷空调设备和系统 减少卤代制冷剂排放规范》GB/T 26205 等的规定。当建筑所在地区对污染物排放有特定要求时，还应符合其要求。

【具体评价方式】

本条适用于各类民用建筑的运行评价。

运行评价时，重点关注场地内的污染源种类及排放情况，以及污染物治理设施是否设置并运转正常。物业管理机构应根据建筑物的功能，制定污染物排放管理制度，并定期委托第三方检测机构进行各类污染物的检测。

重点审查污染物排放管理制度文件，以及具有 CMA 国家计量认证的第三方检测机构出具的项目运营期废气、污水等污染物的排放检测报告，并现场核查废气、污水等处理设施的运行、维护情况。运行评价时审查的污染物排放检测报告出具日期应在最近一年内，检测报告中应包含测点数量、测点位置、测试工况、测试项目、检测结果等内容。

10.1.4 节能、节水设施应工作正常，且符合设计要求。

【条文说明扩展】

本条侧重评价绿色建筑设置的节能、节水设施，如热能回收设备、地源/水源热泵、太阳能热水设备、雨水收集处理设备等的实际运行情况和效果。节能、节水设施的运行管理虽然存在技术难度，并需要一定的运行成本，但对于实现绿色建筑的经济效益和环境效益具有重要意义，故需要物业管理机构格外重视维护与管理。

【具体评价方式】

本条适用于各类民用建筑的运行评价。

运行评价时，查阅节能、节水设施的竣工图纸、运行记录、运行分析报告，并现场核查设备系统的工作情况。通过查阅上述文件、记录和报告，现场核查设备系统的工作情况，判断节能、节水设施是否达到设计的性能指标。

节能、节水设施的运行记录应至少包含一年的数据。节能、节水设施的运行分析报告（月报与年报）应能反映各项设施的运行情况及节能、节水的效果，例如总能耗、可再生能源供能量、传统水源总用水量、非传统水源供水量等。

由于实际建筑的节能、节水设施的运行数据是一个动态值，往往与当地气候、建筑负荷及设备调试状况等相关，评价时需要进行科学分析，给出合理的意见。

对于不能正常运行的节能、节水设施或未能按设计要求设置的节能、节水设施，必须提交相应说明。

10.1.5 供暖、通风、空调、照明等设备的自动监控系统应工作正常，且运行记录完整。

【条文说明扩展】

本条的目的是确保建筑物的高效管理和有效节能，重点关注系统和设备的控制策略及运行效果，侧重评价建筑主要用能设备的自动监控系统工作是否正常，是否具有完整的运

10

行记录。建筑供暖、通风、空调和照明系统是建筑物的主要用能设备，其能耗一般占建筑物能耗总量的 70％左右。为有效降低建筑能耗，对空调通风系统的冷热源、风机、水泵等设备应进行有效监测，对用能数据和运行状态进行采集并记录，并对设备系统按照设计的工艺要求进行自动控制，通过在各种不同工况下的自动调节来降低能耗。自动控制常用的控制策略有定值控制、最优控制、逻辑控制、时序控制和反馈控制等。对照明系统，可采用人体感应、照度或定时等自动控制方式。工程实践证明：只有设备自动监控系统处于正常工作状态下，建筑物才能实现高效管理和有效节能；如果针对各类设备的监控措施较为完善，综合节能可达 20％以上。

当公共建筑的建筑面积不大于 2 万 m² 或住宅区建筑面积不大于 10 万 m² 时，对于其公共设施的监控可以不设建筑设备自动监控系统，但应设置简易的节能控制措施。如对风机水泵的变频控制、不联网的就地控制器、简单的单回路反馈控制等，也都能取得良好的效果。

【具体评价方式】

本条适用于各类民用建筑的运行评价；也可在设计评价时进行预审。

运行评价时，查阅建筑设备自控系统的竣工图纸（设计说明、系统图、监控点位表、平面图、原理图等）、运行记录和运行分析报告，并现场核查设备与系统的工作情况，尤其要核对监控点位表的内容是否与现场设备系统的设置一致，以及节能控制策略是否得到实施。设计评价预审时，主要查阅建筑设备自动监控系统的监控点数。

运行评价时应在建筑设备自控系统的中央控制站上，检查系统对各类用能设备监控的实时工作情况，审查供暖、通风、空调、照明等设备系统的运行记录，检查记录数据的真实性和完整性。设备系统的运行记录和检测数据应保持一年以上，以供分析和检查；出现故障，自动记录不能中断一个月，且对系统故障期的主要能耗数据应能提供人工记录。

对于建筑面积小于 2 万 m² 的公共建筑和建筑面积小于 10 万 m² 的住宅区，本条重点审查其各项主要用能设备的节能控制措施和运行记录。

10.2 评 分 项

Ⅰ 管 理 制 度

10.2.1 物业管理机构获得有关管理体系认证，评价总分值为 10 分，并按下列规则分别评分并累计：

1 具有 ISO 14001 环境管理体系认证，得 4 分；

2 具有 ISO 9001 质量管理体系认证，得 4 分；

3 具有现行国家标准《能源管理体系 要求》GB/T 23331 的能源管理体系认证，得 2 分。

【条文说明扩展】

本条的目的是确保物业管理机构具备良好的环境管理、质量管理以及能源管理水平。

10

ISO 14000 环境管理体系系列标准由国际标准化组织 ISO 发布。ISO 14001 是系列标准中的主体标准，适用于任何类型和规模的组织，内容涵盖环境管理体系、环境审核、环境标志、全寿命周期分析等方面。ISO 14001 环境管理体系认证是为了提高环境管理水平，达到节约能源，降低消耗，减少环保支出，降低成本的目的，可以减少由于污染事故或违反法律、法规所造成的环境风险。物业管理机构在按照 ISO 14001 体系执行企业环境质量管理时，应制定系统、完善的程序管理文件，包括环境方针文件、规划文件、实施与运行文件、检查与纠正措施文件、管理评审文件等，确保管理体系过程的有效策划、运行和控制。

ISO 9001 质量管理体系要求是认证机构审核的依据标准。质量管理体系是组织内部建立的、为实现质量目标所必需的、系统的质量管理模式，是组织的一项战略决策。它将资源与过程结合，以过程管理方法进行系统管理，根据企业特点选用若干体系要素加以组合，一般包括与管理活动、资源提供、产品实现以及测量、分析与改进活动相关的过程组成，通常以文件化的方式，成为组织内部质量管理工作的要求。物业管理机构依据 ISO 9001 进行质量管理，应编制相关工作程序文件，包括质量手册、程序文件、作业指导书，用以收集、传递资讯、控制作业流程或证明作业流程执行记录表单等。

《能源管理体系 要求》GB/T 23331 是用于规范组织能源管理，旨在降低组织能源消耗、提高能源利用效率的管理标准，适用于所有类型和规模的组织。在组织内建立起完整有效的、形成文件的能源管理体系，注重建立和实施过程的控制，使组织的活动、过程及其要素不断优化，通过例行节能监测、能效对标、内部审核、组织能耗计量与测试、组织能量平衡统计、管理评审、自我评价、节能技改、节能考核等措施，不断提高能源管理体系持续改进的有效性，实现能源管理方针和预期的能源消耗或使用目标。物业管理机构应根据《能源管理体系要求》GB/T 23331 要求，在建筑能源管理过程中形成相关工作文件体系，包括能源管理方案、管理节能文件、技术节能文件、检查与纠正措施文件等，不断优化能源管理，提高用能效率。目前获得能源管理体系认证的物业管理机构数量不多。强化能源管理工作是今后建筑物运行管理中的必然趋势，需要加以引导和推进。

【具体评价方式】

本条适用于各类民用建筑的运行评价。

运行评价时，查阅物业管理机构的 ISO 14001 环境管理体系认证、ISO 9001 质量管理体系认证和现行国家标准《能源管理体系 要求》GB/T 23331 的能源管理体系认证证书，以及相关的工作文件。

10.2.2 节能、节水、节材、绿化的操作规程、应急预案完善，且有效实施，评价总分值为 8 分，并按下列规则分别评分并累计：

1 相关设施的操作规程在现场明示，操作人员严格遵守规定，得 6 分；

2 节能、节水设施运行具有完善的应急预案，得 2 分。

【条文说明扩展】

本条重点关注各类设施的运行是否有章可依，应急预案是否完善并有效执行。

操作规程是指为保证各项设施、设备能够安全、稳定、有效运行而制定的，相关人员在操作时必须遵循的程序或步骤。

应急预案是指面对突发事件，如重特大事故、环境公害及人为破坏时的应急管理、指挥、救援计划等。由于一些节能、节水设施（如太阳能光热、雨水回用等）的运行可能受到一些灾害性天气的影响，为保证安全有序，必须制定相应的应急预案。

节能、节水、节材等资源节约与绿化的操作规程、应急预案不能仅摆在文件柜里，还应成为操作人员遵守的规则。在各个操作岗位现场的墙上应明示制度、操作流程和应急措施，操作人员应严格遵守规定，熟悉工作要求，以有效保证工作的质量。

【具体评价方式】

本条适用于各类民用建筑的运行评价。

运行评价时，查阅相关管理制度、操作规程、应急预案、操作人员的专业证书、节能节水设施的运行记录，并现场核查。

检查项目内各类设施的操作规程以及应急预案，主要包括下列内容：

1 各类设施机房（如制冷机房、空调机房、锅炉房、电梯机房、配电间、泵房等）操作规程的合理性及落实情况。在机房中应明示机房管理制度、操作规程、交接班制度、岗位职责和应急预案。操作规程应明确规定开机、关机的准备工作及具体程序。现场核查操作规程上墙情况和设备运行情况。

2 节能、节水设施设备应具有巡回检查制度，并有完善的运行记录。现场核查节能、节水设施设备的运行情况。

3 核查应急预案的有效性和安全保障。应急预案中对各种突发事故的处理要有明确的处理流程，明确的人员分工，严格的上报和记录程序，并且对专业维修人员的安全有严格的保障措施。

4 检查各项应急预案的应急情况报告和应急处置报告的完整性和及时性，以及应急预案的演练记录。

10.2.3 实施能源资源管理激励机制，管理业绩与节约能源资源、提高经济效益挂钩，评价总分值为 6 分，并按下列规则分别评分并累计：

　　1 物业管理机构的工作考核体系中包含能源资源管理激励机制，得 3 分；

　　2 与租用者的合同中包含节能条款，得 1 分；

　　3 采用合同能源管理模式，得 2 分。

【条文说明扩展】

本条重点关注物业管理机构工作考核体系中能源资源节约的激励机制、与租用者签订的合同中是否包含节能条款以及是否采用合同能源管理模式。

采用合适的管理机制可有效促进运行节能。在运行管理中，采取有效的激励措施，将节约能源资源、提高经济效益作为管理业绩的重要内容，促进提升管理水平和效益。

物业管理机构的工作考核体系，可通过能源资源节约奖惩细则，建立激励和约束机制。

聘用能源管理公司进行能源管理时，可在合同中引入鼓励性管理费等措施，激励管理公司加强能源系统的高效管理，进一步降低能源消耗。

10

【具体评价方式】

本条适用于各类民用建筑的运行评价。当被评价项目不存在租用情况时，第 2 款不参评。

运行评价时，查阅物业管理机构的工作考核体系文件、业主和租用者以及管理企业之间的合同。若被评价项目采用合同能源管理模式进行能源管理，合同能源管理模式应符合被评价项目的实际情况和需要。如新建建筑尚未实行合同能源管理，需要提供运营后的节能改进投入以及节能效益分配的实施情况。

10.2.4 建立绿色教育宣传机制，编制绿色设施使用手册，形成良好的绿色氛围，评价总分值为 6 分，并按下列规则分别评分并累计：

    1 有绿色教育宣传工作记录，得 2 分；

    2 向使用者提供绿色设施使用手册，得 2 分；

    3 相关绿色行为与成效获得公共媒体报道，得 2 分。

【条文说明扩展】

在建筑物长期的运行过程中，用户和物业管理人员的意识与行为，直接影响绿色建筑的目标实现，因此需要坚持绿色理念与绿色生活方式的教育宣传制度，编制绿色设施使用手册，培训各类人员正确使用绿色设施，形成良好的绿色风气与行为。

建立绿色教育宣传机制，可以促进普及绿色建筑知识，让更多的人了解绿色建筑的运营理念和有关要求。尤其是通过媒体报道和公开有关数据，更能营造出关注绿色理念、践行绿色行为的良好氛围。绿色教育宣传可从以下几个方面入手：

    1 开展绿色建筑新技术新产品展示、技术交流和教育培训，宣传绿色建筑的基础知识、设计理念和技术策略，宣传引导节约意识和行为，促进绿色建筑的推广应用。

    2 在公共场所显示绿色建筑的节能、节水、减排成果和环境数据。

    3 对于绿色行为（如垃圾分类收集等）给予奖励。

绿色设施使用手册是为建筑使用者及物业管理人员提供的各类设备设施的功能、作用及使用说明的文件。绿色设施包括建筑设备管理系统，节能灯具，遮阳设施，可再生能源系统，非传统水源系统，节水器具，节水绿化灌溉设施，垃圾分类处理设施等。

【具体评价方式】

本条适用于各类民用建筑的运行评价。

运行评价时，查阅绿色教育宣传的工作记录与报道记录，包括宣传内容和方式，参与人员数量等；查阅绿色设施使用手册，手册应符合项目实际情况，内容完整，便于理解与使用；核查是否获得媒体报道，包括媒体名称、报道时间、栏目和内容。

Ⅱ 技 术 管 理

10.2.5 定期检查、调试公共设施设备，并根据运行检测数据进行设备系统的运行优化，评价总分值为 10 分，并按下列规则分别评分并累计：

    1 具有设施设备的检查、调试、运行、标定记录，且记录完整，得 7 分；

2 制定并实施设备能效改进方案，得 3 分。

【条文说明扩展】

本条重点关注建筑运行管理人员对主要用能、用水设备系统的巡检、调试工作，对相关计量仪器和检测装置的定期标定以及对设备能效的持续改进工作。

设备系统的调试和优化运行，对建筑运行的能源资源消耗、建筑环境等非常重要。公共设施设备检查、调试的目的是确保建筑设备及其相关系统达到设计要求。这并不仅是新建建筑的试运行和竣工验收所需工作，也是一项在运行期间要持续开展的工作。物业管理机构有责任定期检查、调试设备系统，标定各类检测装置的准确度，根据运行数据（或第三方检测数据）不断提升设备系统的性能，提高建筑的能效管理水平。

【具体评价方式】

本条适用于各类民用建筑的运行评价。

运行评价时，查阅物业管理机构的设备设施检查、调试、运行、标定记录，审查设备能效改造方案、施工文档和改造后的运行记录。调试与运行记录应完整。由于评价时建筑投入使用时间可能不长，尚不需要作规模化改造，此时可根据运行期间反映出来的问题，进行有针对性的局部改进。

10.2.6 对空调通风系统进行定期检查和清洗，评价总分值为 6 分，并按下列规则分别评分并累计：

1 制定空调通风设备和风管的检查和清洗计划，得 2 分；

2 实施第 1 款中的检查和清洗计划，且记录保存完整，得 4 分。

【条文说明扩展】

本条重点关注通过清洗空调系统，降低疾病产生和传播的可能性，保证室内空气品质。

物业管理机构应定期对空调系统进行检查，如检查结果表明达到清洗条件，应严格按照《空调通风系统清洗规范》GB 19210 的规定进行清洗和效果评估。如检查结果表明未达到必须清洗的程度，则可暂不进行清洗。

根据《空调通风系统清洗规范》GB 19210 的规定，应定期对通风系统清洁程度进行检查。检查范围包括空气处理机组、管道系统部件与管道系统的典型区域。通风系统中含有多个空气处理机组时，应对一个典型的机组进行检查。空气处理机组的检查间隔不得少于 1 年一次，送风管和回风管的检查间隔不得少于 2 年一次。对于高湿地区或污染严重地区的检查周期要相应缩短或提前检查。

当出现下面任何一种情况时，应对通风系统进行清洗。

1 通风系统存在污染：系统中各种污染物或碎屑已累积到可以明显看到的程度，或经过检测报告证实送风中有明显微生物（微生物检查的采样方法应按照《公共场所卫生检验方法 第 3 部分：空气微生物》GB/T 18204.3 的有关规定进行）；通风系统有可见尘粒进入室内，或经过检测污染物超过《室内空气中可吸入颗粒物卫生标准》GB/T 17095 的规定。

2 系统性能下降：换热器盘管、制冷盘管、气流控制装置、过滤装置以及空气处理机组已确认有限制、堵塞、污物沉积而严重影响通风系统的性能。

10

3 室内空气品质出现特殊状况：人群受到伤害，疾病发生率明显增高，免疫系统受损。

清洗通风空调系统前，应制定通风系统清洗计划。具体清洗方法及要求按照《空调通风系统清洗规范》GB 19210 执行。

【具体评价方式】

本条适用于采用集中空调通风系统的各类民用建筑的运行评价。对于不设集中空调通风系统的建筑，本条不参评。

运行评价时，查阅物业管理机构制定的空调通风系统设备和部件的检查、清洗计划，清洗记录，清洗效果评估报告。清洗计划应体现清洗对象、清洗频率、清洗内容等。清洗记录包括清洗过程中的实时照片或视频。清洗效果评估报告应体现量化效果。由于空调通风系统的风管清洗检查一般在系统投入使用两年后进行，因此此在运行评价时，如果检查结果表明风管尚未达到必须清洗的条件，则可只提供清洗计划，而无需清洗记录和清洗效果评估报告。

10.2.7 非传统水源的水质和用水量记录完整、准确，评价总分值为 4 分，并按下列规则分别评分并累计：

1 定期进行水质检测，记录完整、准确，得 2 分；

2 用水量记录完整、准确，得 2 分。

【条文说明扩展】

建筑物中非传统水源可应用于多个场所和用途，不同的用途其水质要求也有所不同。《城市污水再生利用 城市杂用水水质》GB/T 18920 - 2002 规定了冲厕、道路清扫、消防、城市绿化、车辆冲洗等非饮用水的水质标准（表 10-1）；《城市污水再生利用 景观环境用水水质》GB/T 18921 - 2002 规定了景观用水水质标准（表 10-2）；《采暖空调系统水质》GB/T 29044 - 2012 规定了空调冷却循环水补水的水质标准（表 10-3）。

表 10-1 城市杂用水水质标准

序号	项目	冲厕	道路清扫、消防	城市绿化	车辆冲洗	建筑施工
1	pH 值	6.0～9.0				
2	色/度	≤30				
3	嗅	无不快感				
4	浊度/NTU	≤5	≤10	≤10	≤5	≤20
5	溶解性总固体(mg/L)	≤1500	≤1500	≤1000	≤1000	—
6	五日生化需氧量(BOD₅)/(mg/L)	≤10	≤15	≤20	≤10	≤15
7	氨氮(mg/L)	≤10	≤10	≤20	≤10	≤20
8	阴离子表面活性剂/(mg/L)	≤1.0	≤1.0	≤1.0	≤0.5	≤1.0
9	铁(mg/L)	≤0.3	—	—	≤0.3	—
10	锰(mg/L)	≤0.1	—	—	≤0.1	—
11	溶解氧(mg/L)	≥1.0				
12	总余氯(mg/L)	接触 30min 后≥1.0，管网末端≥0.2				
13	总大肠菌群(个/L)	≤3				

10

表 10-2 景观环境用水的再生水水质标准

序号	项目	观赏性景环境用水			娱乐性景观环境用水		
		河道类	湖泊类	水景类	河道类	湖泊类	水景类
1	基本要求	无漂浮物，无令人不愉快的嗅和味					
2	pH 值(无量纲)	6～9					
3	五日生化需氧量(BOD₅)(mg/L)	≤10	≤6		≤6		
4	悬浮物(SS)(mg/L)	≤20	≤10		—		
5	浊度(NTU)	—			≤5.0		
6	溶解氧(mg/L)	≥1.5			≥2.0		
7	总磷(以 P 计)/(mg/L)	≤1.0	≤0.5		≤1.0		≤0.5
8	总氮(mg/L)	≤15					
9	氨氮(以 N 计)	≤5					
10	粪大肠菌群(个/L)	≤10000	≤2000		≤500		不得检出
11	余氯(mg/L)	≥0.05					
12	色度(度)	≤30					
13	石油类(mg/L)	≤1.0					
14	阴离子表面活性剂(mg/L)	≤0.5					

表 10-3 集中空调间接供冷闭式循环冷却水系统补充水水质要求

检测项及单位	要求	检测项及单位	要求
pH 值(25℃)	7.5～9.5	总铁(mg/L)	≤0.3
浊度(NTU)	≤5	钙硬度(以 CaCO₃计)(mg/L)	≤300
电导率(25℃)(μS/cm)	≤600	总碱度(以 CaCO₃计)(mg/L)	≤200
Cl⁻(mg/L)	≤250		

【具体评价方式】

本条适用于利用非传统水源的各类民用建筑的运行评价；也可在设计评价时进行预审。无非传统水源利用的项目不参评。

运行评价时，查阅非传统水源的水质检测报告、非传统水源供水量记录、非传统水源系统运行分析报告。设计评价预审时，查阅非传统水源的设计文件。

为保证非传统水源系统的用水安全性和用水可靠性，应重点核查如下内容：

1 现场核查计量表的安装是否与竣工图纸一致，核查水表的数量、量程和精度是否满足用水量记录的需要。

2 核查非传统水源水质检测报告。除日常自检记录外，水质检测报告应由具有检测资质的第三方机构出具，水质检测时间间隔不宜大于半年。检测报告应包含检测时间、检测项目、检测方法、检测结果等。

3 核查非传统水源用水量计量的台账。应提供至少一年的台账，台账记录信息应完整，并逐月记录总用水量及各分项用水量。

4 查阅非传统水源系统运行分析报告。运行分析报告应包括系统设计情况、运行过程分析、运行评价等内容。

10

10.2.8 智能化系统的运行效果满足建筑运行与管理的需要，评价总分值为12分，并按下列规则分别评分并累计：

1 居住建筑的智能化系统满足现行行业标准《居住区智能化系统配置与技术要求》CJ/T 174 的基本配置要求，公共建筑的智能化系统满足现行国家标准《智能建筑设计标准》GB/T 50314 的基础配置要求，得6分；

2 智能化系统工作正常，符合设计要求，得6分。

【条文说明扩展】

为保证建筑的安全、高效运营，应根据现行标准《智能建筑设计标准》GB/T 50314 和《居住区智能化系统配置与技术要求》CJ/T 174 的规定，设置合理、完善的安全防范系统、设备监控管理系统和信息网络系统。智能化系统工程施工应符合现行国家标准《智能建筑工程施工规范》GB 50606 的有关规定，智能化系统工程质量应符合现行国家标准《智能建筑工程质量验收规范》GB 50339 的有关规定。

由于建筑智能化系统的子系统很多，在绿色建筑评价时，主要审查与生态和节能相关的安全防范系统、设备监控管理系统和信息网络系统。

安全防范系统（SAS）是根据建筑安全防范管理的需要，综合运用电子信息技术、计算机网络技术、视频安防监控技术和各种现代安全防范技术构成的用于维护公共安全、预防刑事犯罪及灾害事故为目的的，具有报警、视频安防监控、出入口控制、安全检查、停车场（库）管理的安全技术防范体系。

建筑设备监控管理系统是对建筑物或建筑群内的暖通空调、变配电、公共照明、给排水、电梯和自动扶梯、能耗检测等设施实行监控和管理的综合系统。

信息网络系统（INS）是应用计算机技术、通信技术、多媒体技术、信息安全技术和行为科学等先进技术和设备构成的信息网络平台。借助于这一平台实现信息共享、资源共享和信息的传递与处理，并在此基础上开展各种应用业务。

居住区智能化系统建设的基本配置要求包括：

1 安全防范子系统

（1）住宅报警装置：住宅室内安装家庭紧急求助报警装置。居住区物业管理中心应实时处理与记录报警事件。

（2）访客对讲装置：在住宅楼入口处安装防盗门控及语音对讲装置，住户可控制开启楼宇防盗门。

（3）周界防越报警装置：对封闭式管理的居住区周界设置越界探测装置，并与居住区物业管理中心联网使用，能及时发现非法越界者并能实时显示报警路段和报警时间，自动记录与保存报警信息。

（4）闭路电视监控：根据居住区安全防范管理的需要，对居住区的主要出入口及重要部位安装摄像机进行监控。居住区物业管理中心可自动/手动切换系统图像，可对摄像机云台及镜头进行控制；可对所监控的重要部位进行录像。

（5）电子巡更装置：居住区内安装电子巡更系统，保安巡更人员按设定路线进行值班巡查并予以记录。

2 管理与监控子系统

（1）自动抄表装置：住宅内安装水、电、气、热等具有信号输出的表具，并将表具计量数据远传至居住区物业管理中心，实现自动抄表。应以计量部门确认的表具显示数据作为计量依据，定期对远传采集数据进行校正，达到精确计量。

（2）车辆出入与停车管理装置：居住区内车辆出入口通过 IC 卡或其他形式进行管理或计费，实现车辆出入及存放时间记录、查询、区内车辆存放管理等。

（3）紧急广播及北京音乐装置：居住区内安装有线广播装置，有线广播装置可播放背景音乐，在发生紧急事件时可强制切入紧急广播。

（4）物业管理计算机系统：居住区物业管理中心配备有计算机或计算机局域网，配置实用可靠地物业管理软件。实现小区物业管理计算机化。并要求安全防范子系统和水、电、气、热等表具的自动抄表装置等由居住区物业管理中心管理。

（5）公共设备监控装置：给排水设备故障报警；蓄水池（含消防水池）、污水池的超高低水位报警；引用蓄水池过滤、杀菌设备的故障报警；电梯故障报警、求救信号指示或语音对讲。

3 通信网络子系统

（1）居住区宽带接入网、控制网、有线电视网、电话网和家庭网各自成系统，采用多种布线方式，但要求科学合理、经济适用。

（2）居住区宽带接入网的网络类型可采用以下所列类型之一或其组合：FTTx，HFC 和 xDSL 或其他类型的数据网络。

（3）居住区宽带接入网应提供管理系统，支持用户开户、用户销户、用户暂停、用户流量时间统计、用户访问记录、用户流量控制等管理功能，使用户生活在一个安全方便的信息平台之上。

（4）居住区宽带接入网应提供安全的网络保障。

（5）居住区宽带接入网宜提供本地计费或远端拨号用户认证的计费功能。

最新的国家标准《智能建筑设计标准》GB 50314 根据各种建筑类型，将符合建筑基本功能的基础配置定为智能化系统应选配置，并分别给出了配置列表。

【具体评价方式】

本条适用于各类民用建筑的运行评价；也可在设计评价时进行预审。

运行评价时，重点关注智能化系统的配置方案及运行可靠性，查阅智能化系统工程专项深化设计竣工图纸（非建筑设计院提供的电气施工图）、设计变更文件、验收报告及运行记录；现场核对智能化系统的配置情况，检查安全防范系统、建筑设备监控管理系统和信息网络系统的工程质量和运行情况；在控制中心巡视各系统的工作状态，不应有长期故障停运的情况。

设计评价预审时，查阅安全技术防范系统、建筑设备监控管理系统、信息网络系统、监控中心及信息机房等设计文件。

10

10.2.9 应用信息化手段进行物业管理，建筑工程、设施、设备、部品、能耗等档案及记录齐全，评价总分值为 10 分，并按下列规则分别评分并累计：

1 设置物业管理信息系统，得 5 分；

2 物业管理信息系统功能完备，得 2 分；

3 记录数据完整，得 3 分。

【条文说明扩展】

实行信息化管理可以提高绿色建筑的运营效率，降低成本，并且系统化的数据记录与存储有利于定期进行统计分析和设施工况优化。因此，完备的信息系统和完整的数据档案是维持绿色运营的重要手段。

近年来，虽然绝大部分物业管理机构已基本实现了物业管理信息化，但信息化覆盖和使用程度不一，仍存在以下问题：

1 尽管 ERP 和物业管理软件得到广泛选用，在提升管理效率的同时，常出现"信息孤岛"现象，造成重要资源无法共享；

2 信息化系统在制定开发需求时，未与业主、建筑使用者充分沟通服务需求，导致开发成果与实际需求存在差距；

3 信息化系统运行不正常。由于物业管理人员运用信息化系统的能力不强，或建筑业主对功能、品质要求的懈怠，导致信息化系统在物业管理中不能充分发挥作用，逐渐停用部分物业信息管理系统功能。

建筑物的工程图纸资料、设备、设施、配件等档案资料不全，对运营管理、维护、改造等带来不便。部分设备、设施、配件需要更换时，往往因缺少原有型号规格、生产厂家等资料，或替代品不适配而造成困难，被迫提前进行改造。

建筑物及其设备系统的能源资源消耗数据和室内外的环境监测数据，直接反映了建筑的运行效果，无论是为评价工作，还是为日常运行分析，都应长期保存。

因此，采用信息化手段，建立完善的建筑工程及设备、能耗、环境、配件档案及维修记录是非常必要的。

【具体评价方式】

本条适用于各类民用建筑的运行评价。进行评价时，应提供至少 1 年的用水量、用电量、用气量、用冷热量、设备部品更换等数据，作为评价依据。

运行评价时，重点关注物业信息管理系统的功能、系统的实施情况和运行情况，物业信息管理系统应在日常管理工作中发挥作用。查阅物业信息管理系统的方案，建筑工程及设备、配件档案和维修的信息记录，能源资源消耗和环境的运行监测数据；现场操作物业信息管理系统，以核查系统功能完整性及记录数据的有效性。

Ⅲ 环 境 管 理

10.2.10 采用无公害病虫害防治技术，规范杀虫剂、除草剂、化肥、农药等化学品的使用，有效避免对土壤和地下水环境的损害，评价总分值为 6 分，并按下列规则分别评分并累计：

1 建立和实施化学品管理责任制，得 2 分；

2 病虫害防治用品使用记录完整，得 2 分；

3 采用生物制剂、仿生制剂等无公害防治技术，得 2 分。

【条文说明扩展】

病虫害的发生和蔓延，将直接导致树木生长质量下降，破坏生态环境和生物多样性。因此，应严格控制病虫害的传播和蔓延。无公害病虫害防治是降低城市环境污染、维护城市生态平衡的一项重要举措。对于病虫害，应以物理防治、生物防治为主，化学防治为辅，并加强预测预报。无公害防治技术包括阻截、光诱、使用生物制剂或仿生制剂等。

增强病虫害防治工作的科学性，要坚持"预防为主、综合防治"的方针，减少农药用量及使用次数。对杀虫剂、除草剂、化肥、农药等化学品的使用，应建立并实施管理制度。

由于中国的地域辽阔，气候各异，各地政府主管部门制定的城市园林绿化养护管理标准应作为评价的主要依据。

【具体评价方式】

本条适用于各类民用建筑的运行评价。

运行评价时，重点关注是否采用无公害病虫害防治技术以及化学品使用的规范性。查阅绿化用化学品管理制度，虫害防治记录文件（包含使用的防治技术、采用的防治用品、防治时间、操作人员记录等内容），杀虫剂、除草剂、化肥、农药等化学品进货清单与使用记录。应结合场地绿化种植类型，制定病虫害防治措施。绿化用化学品管理制度应明确化学品管理责任，包括管理人、领用人和监督人的职责。病虫害防治用品的进货清单应注明日期、进货单位、防治用品名称、进货量、环保认证的证书等内容。使用记录应注明使用时间以及每次使用的数量。评价时，应至少提供一年的使用记录。

当整个用地范围内部分建筑参评时，本条的评价范围仍为整个用地范围。

当评价项目的绿化工程委托专业机构实施养护时，应由养护机构提交本条要求的该项目的相关资料。

10.2.11 栽种和移植的树木一次成活率大于 90%，植物生长状态良好，评价总分值为 6 分，并按下列规则分别评分并累计：

1 工作记录完整，得 4 分；

2 现场观感良好，得 2 分。

【条文说明扩展】

物业管理机构应采取措施保证种植的树木有较高的成活率。在适宜季节植树，其成活率较高。当需要在树木生长期移植时，应采取有效措施提高成活率。采用耐候性强的乡土植物。建立并完善栽植树木的后期管护工作。对行道树、花灌木、绿篱定期修剪，对草坪及时修剪。及时做好树木病虫害预测、防治工作，做到树木无暴发性病虫害，保证树木有较高的成活率。发现危树、枯死树木及时处理。保持草坪、地被完整。

由于中国的地域辽阔，气候各异，各地政府主管部门制定的城市园林绿化养护管理标准应作为评价的主要依据。

【具体评价方式】

本条适用于各类民用建筑的运行评价。

本条重点关注栽种或移植树木的成活率以及生长状态。

10

运行评价时，查阅绿化管理制度、绿化日常管理记录，包括树木栽种、枯死等记录，以及枯死处置情况等。现场核实树木生长状态。绿化管理制度应包括树木、植物养护和补种的具体规定和目标。绿化日常管理记录应包括浇灌、施肥、剪枝以及病虫害防治等内容。

当整个用地范围内部分建筑参评时，本条的评价范围仍为整个用地范围。

北方地区建筑在冬季进行运行评价时，需提交夏季的绿化园林现场照片佐证。

当评价项目的绿化工程委托专业机构实施养护时，应由养护机构提交本条要求的该项目的相关资料。

10.2.12 垃圾收集站（点）及垃圾间不污染环境，不散发臭味，评价总分值为 6 分，并按下列规则分别评分并累计：

1 垃圾站（间）定期冲洗，得 2 分；

2 垃圾及时清运、处置，得 2 分；

3 周边无臭味，用户反映良好，得 2 分。

【条文说明扩展】

垃圾站（间）的环境卫生直接关系到生活、工作环境的品质。垃圾站（间）应设有冲洗和排水设施，有专人定期进行冲洗、消毒。存放垃圾应不散发臭味，并及时清运。运输时垃圾不散落、不污染环境。

垃圾站（间）的通风、除尘、除臭效果应符合现行标准《生活垃圾收集站技术规程》CJJ 179、《恶臭污染物排放标准》GB 14554 等的规定。垃圾收集站除尘除臭标准宜符合表 10-4 规定的限值。

表 10-4 垃圾收集站除尘除臭标准

污染物项目	限　值	
	室　外	室　内
硫化氢(mg/m³)	0.030	10
氨(mg/m³)	1.0	20
臭气浓度(无量纲)	20	—
总悬浮颗粒物 TSP(mg/m³)	0.30	—
可吸入颗粒物 PM10(mg/m³)	0.15	—

【具体评价方式】

本条适用于各类民用建筑的运行评价；也可在设计评价时进行预审。

运行评价时，根据住宅建筑和公共建筑的使用特点，重点关注垃圾收集站（点）及垃圾间的环境卫生状况。现场考察垃圾站（间）的卫生状况、垃圾站（间）冲洗和排水设施的完好情况，查阅垃圾站（间）运行记录（定期冲洗记录、垃圾清运记录）；必要时进行用户抽样调查，调查用户投诉及满意度情况。

设计评价预审时，查阅垃圾收集站点、垃圾间等的冲洗、排水设施设计图纸。

10.2.13 实行垃圾分类收集和处理，评价总分值为 10 分，并按下列规则分别评分并累计：

1 垃圾分类收集率达到 90％，得 4 分；

2 可回收垃圾的回收比例达到 90％，得 2 分；

3 对可生物降解垃圾进行单独收集和合理处置，得 2 分；

4 对有害垃圾进行单独收集和合理处置，得 2 分。

【条文说明扩展】

垃圾分类收集是在源头将垃圾分类投放，并通过分类的清运和回收，使之分类处理或重新变成资源。垃圾分类收集有利于资源回收利用，便于处理有毒有害的物质，减少垃圾的处理量，减少运输和处理的成本。

可回收垃圾指可直接进入废旧物资回收利用系统的废弃物，也叫可回收物。可回收垃圾主要包含纸类、塑料、金属、玻璃、织物等。可回收垃圾的回收比例是已经回收的废物质量占可回收物总质量的比例。

在生活垃圾中，厨余垃圾是最主要的可生物降解垃圾种类之一。对以厨余垃圾为主的可生物降解垃圾，应单独收集并进行合理处置，但其前提条件是实行垃圾分类，以提高垃圾中有机物的含量。

有害垃圾指包含对人体健康或自然环境造成直接或潜在危险的物质的垃圾，应单独收集处理。有害垃圾包括废旧小电子产品、废油漆、废灯管、非日用化学用品等。根据《城镇环境卫生设施设置标准》CJJ 27－2005 规定，有害垃圾必须单独收集、单独运输、单独处理。这是强制性要求，必须执行。

【具体评价方式】

本条适用于各类民用建筑的运行评价。

本条重点评价垃圾的分类收集和处理情况。运行评价时，应根据垃圾分类、收集、运输的有关数据，计算垃圾分类收集率、可回收垃圾的回收比例。

1 垃圾分类收集

垃圾分类收集率的计算公式为：

——垃圾分类收集率（％）；

——分类收集的垃圾质量（t）

——垃圾排放总质量（t）。

2 可回收垃圾的回收比例

可回收垃圾的回收比例的计算公式为：

——可回收垃圾的回收比例（％）；

——已回收的可回收物质量（t）

——可回收物总质量（t）。

采用上述公式计算时，应选择同一时间段，保证各参数取值在时间段上的一致性。评价时间段宜大于一年。

3 可生物降解垃圾

对厨余垃圾，应单独收集，并进行合理处置。

4 有害垃圾

10

对有害垃圾，应单独收集，并进行合理处置。目前，对有害垃圾的收集、处置尚存在一定困难。对实行有害垃圾单独收集并合理处置的行为应给予鼓励和肯定。

运行评价时，查阅垃圾管理制度文件、垃圾分类收集管理制度文件、垃圾分类收集和处理记录，并进行现场核查。垃圾分类收集管理制度应明确对可回收垃圾、厨余垃圾、有害垃圾分类收集。垃圾分类收集和处理记录应包括总的垃圾处理记录、可回收垃圾的回收量记录。现场核查垃圾分类收集情况、垃圾容器的设置数量及识别性、工作记录，必要时进行用户抽样调查。

10

11 提 高 与 创 新

11.1 一 般 规 定

11.1.1 绿色建筑评价时，应按本章规定对加分项进行评价。加分项包括性能提高和创新两部分。

【条文说明扩展】

为了鼓励绿色建筑在节约资源、保护环境等技术、管理上的创新和提高，同时也为了合理处置一些引导性、创新性或综合性等的额外评价条文，参考国外主要绿色建筑评估体系创新项的做法，《标准》设立了加分项。加分项包括规定性方向和可选方向两类，前者有具体指标要求，侧重于"提高"；后者则没有具体指标，侧重于"创新"。

11.1.2 加分项的附加得分为各加分项得分之和。当附加得分大于 10 分时，应取为 10 分。

【条文说明扩展】

加分项的评定结果为某得分值或不得分。加分项最高可得 10 分，实际得分累加在总得分中。某些加分项是对前面章节中评分项的提高，符合条件时，加分项和相应评分项可都得分。

11.2 加 分 项

Ⅰ 性 能 提 高

11.2.1 围护结构热工性能比国家现行相关建筑节能设计标准的规定高 20%，或者供暖空调全年计算负荷降低幅度达到 15%，评价分值为 2 分。

【条文说明扩展】

本条在第 5.2.3 条基础上，提出了更高的围护结构热工性能要求。

除具体指标外，评价内容同第 5.2.3 条。

【具体评价方式】

本条适用于各类民用建筑的设计、运行评价。

本条得分的前提条件是第 5.2.3 条得满分 10 分。当围护结构热工性能按第 5.2.3 条评价得 10 分，但达不到本条要求的得分条件时，本条不得分。

11

具体评价方式同第 5.2.3 条。

11.2.2 供暖空调系统的冷、热源机组能效均优于现行国家标准《公共建筑节能设计标准》GB 50189 的规定以及现行有关国家标准能效节能评价值的要求，评价分值为 1 分。对电机驱动的蒸气压缩循环冷水（热泵）机组，直燃型和蒸汽型溴化锂吸收式冷（温）水机组，单元式空气调节机、风管送风式和屋顶式空调机组，多联式空调（热泵）机组，燃煤、燃油和燃气锅炉，其能效指标比现行国家标准《公共建筑节能设计标准》GB 50189 规定值的提高或降低幅度满足表 11.2.2 的要求；对房间空气调节器和家用燃气热水炉，其能效等级满足现行有关国家标准规定的 1 级要求。

表 11.2.2 冷、热源机组能效指标比现行国家标准《公共建筑节能设计标准》GB 50189 的提高或降低幅度

机组类型		能效指标	提高或降低幅度
电机驱动的蒸气压缩循环冷水(热泵)机组		制冷性能系数(COP)	提高 12%
溴化锂吸收式冷水机组	直燃型	制冷、供热性能系数(COP)	提高 12%
	蒸汽型	单位制冷量蒸汽耗量	降低 12%
单元式空气调节机、风管送风式和屋顶式空调机组		能效比(EER)	提高 12%
多联式空调(热泵)机组		制冷综合性能系数(IPLV(C))	提高 16%
锅炉	燃煤	热效率	提高 6 个百分点
	燃油燃气	热效率	提高 4 个百分点

【条文说明扩展】

本条在第 5.2.4 条基础上，提出了更高的供暖空调系统的冷、热源机组能效要求。

除具体指标外，评价内容同第 5.2.4 条。

【具体评价方式】

本条适用于空调或供暖的各类民用建筑的设计、运行评价。对城市市政热源，不对其热源机组能效进行评价。

本条得分的前提条件是第 5.2.4 条得满分 6 分。当供暖空调系统的冷、热源机组能效按第 5.2.4 条评价得 6 分，但达不到本条要求的得分条件时，本条不得分。

具体评价方式同第 5.2.4 条。

11.2.3 采用分布式热电冷联供技术，系统全年能源综合利用率不低于 70%，评价分值为 1 分。

【条文说明扩展】

分布式是相对于集中式而言，要求系统就近布置在用户处或用户附近，而不是集中生产后通过大规模的输配系统供应各处用户；联供技术一般是指以一次能源发电，并利用发电余热供暖、供冷，同时向用户输出电能、热（冷）。对于以燃气为一次能源、发电机总容量不大于15MW的分布式三联供系统，应按现行行业标准《燃气冷热电三联供工程技术规程》CJJ 145 的规定进行设计、施工验收和运行管理，并遵循电能自发自用、余热利用最大化的原则。

2011 年，国家发改委、财政部、住房城乡建设部、国家能源局联合发布《关于发展天然气分布式能源的指导意见》（发改能源〔2011〕2196 号），将天然气分布式能源定义为"利用天然气为燃料，通过冷热电三联供等方式实现能源的梯级利用，综合能源利用效率在70％以上，并在负荷中心就近实现能源供应的现代能源供应方式"。其发展重点为能源负荷中心建设区域分布式能源系统和楼宇分布式能源系统，包括城市工业园区、旅游集中服务区、生态园区、大型商业设施等，在条件具备的地方结合太阳能、风能、地源热泵等可再生能源进行综合利用。

国家标准《民用建筑供暖通风与空气调节设计规范》GB 50736 - 2012 的相关规定有：

8.1.1（8） 天然气供应充足的地区，当建筑的电力负荷、热负荷和冷负荷能较好匹配、能充分发挥冷、热、电联产系统的能源综合利用效率并经济技术比较合理时，宜采用分布式燃气冷热电三联供系统。

8.9.1 采用燃气冷热电三联供系统时，应优化系统配置，满足能源梯级利用的要求。

8.9.2 设备配置及系统设计应符合下列原则：

1 以冷、热负荷定发电量；

2 优先满足本建筑的机电系统用电。

8.9.3 余热利用设备及容量选择应符合下列规定：

1 宜采用余热直接回收利用的方式；

2 余热利用设备最低制冷容量，不应低于发电机满负荷运行时产生的余热制冷量。

【具体评价方式】

本条适用于各类公共建筑的设计、运行评价。

系统全年平均能源综合利用率的计算方法详见行业标准《燃气冷热电三联供工程技术规程》CJJ 145 - 2010 第 3.3.5 条，应为系统全年输出能量（年净输出电量、有效余热供热量与供冷量之和，注意电量单位的转换：1kWh＝3.6MJ），与输入能量（年燃气耗量与燃气低位发热量之积）之比。但其中不应包括补充冷热设备输出的能量，以及辅助系统消耗的能量。例如，发电机组内部自耗电量，余热锅炉、余热吸收式制冷机等设备补燃产生的热/冷量。

设计评价：查阅电气、暖通空调等相关专业施工图、计算分析报告，审查系统全年能源综合利用率及其计算。

运行评价：查阅电气、暖通空调等相关专业竣工图、主要产品型式检验报告、计算分析报告，审查系统全年能源综合利用率及其计算，并现场核查。

11.2.4 卫生器具的用水效率均达到国家现行有关卫生器具用水效率等级标

11

准规定的 1 级，评价分值为 1 分。

【条文说明扩展】

本条在第 6.2.6 条基础上，提出了更高的卫生器具用水效率等级要求。

除具体指标外，评价内容同第 6.2.6 条。

关于卫生器具一级用水效率等级指标整理表格如下：

卫生器具	水嘴（流量）	坐便器（冲洗水量/次）		小便器（冲洗水量/次）	淋浴器（流量）	大便器冲洗阀（冲洗水量/次）	小便器冲洗阀（冲洗水量/次）
1级用水效率等级	0.10L/s	单档	平均值 4.0L	2.0L	0.08L/s	4.0L	2.0L
		双档	大档 4.5L				
			小档 3.0L				
			平均值 3.5L				

【具体评价方式】

本条适用于各类民用建筑的设计、运行评价。

本条得分的前提条件是第 6.2.6 条得满分 10 分。当卫生器具用水效率等级按第 6.2.6 条评价得 10 分，但达不到本条要求的得分条件时，本条不得分。

具体评价方式同第 6.2.6 条。

11.2.5 采用资源消耗少和环境影响小的建筑结构，评价分值为 1 分。

【条文说明扩展】

我国建筑结构主要采用混凝土结构、砌体结构、钢结构和木结构。近年来，轻钢结构也有一定发展。这几种材料结构类型的适用范围、资源消耗和环境影响各不相同。绿色建筑应从节约资源和环境保护的要求出发，在保证安全、耐久的前提下，优先选用资源消耗少和环境影响小的建筑结构，主要包括钢结构、木结构、预制装配式结构。

【具体评价方式】

本条适用于各类民用建筑的设计、运行评价。

主体结构采用钢结构、木结构，或工业化生产的预制构件用量比例（计算方法与第 7.2.5 条同）达到 60% 时，本条可直接得 1 分。对其他材料结构类型建筑，尚需经充分论证后方可得分。

设计评价：查阅结构专业施工图及设计说明、预制构件用量比例计算书，审查用量比例及其计算。

运行评价：查阅结构专业竣工图及设计说明、预制构件用量比例计算书，审查用量比例及其计算，并现场核查。

11.2.6 对主要功能房间采取有效的空气处理措施，评价分值为 1 分。

【条文说明扩展】

民用建筑空调系统的空气处理主要包括对空气的温度（加热、冷却）、湿度（加湿、除湿）、洁净度（过滤、净化）等的处理。其中，温度、湿度存在较强耦合关系，一定条件下可一并考虑。

在空气温、湿度处理方面，国家标准《民用建筑供暖通风与空气调节设计规范》GB 50736-2012 第 7.5.3、7.5.4 条对空气冷却装置的选择作了具体规定；第 7.5.5、7.5.6 条则对制冷剂直接膨胀式空气冷却器的蒸发温度等作了规定，并强制性要求不采用氨作制冷剂的直接膨胀式空气冷却器；第 7.5.7 条对空气加热器的选择作了具体规定；第 7.5.12 条对加湿装置作了具体规定。

在空气洁净度处理方面，国家标准《民用建筑供暖通风与空气调节设计规范》GB 50736-2012 第 7.5.9 条要求空调系统的新风和回风经过滤处理，并对空调过滤器的设置作了具体规定；第 7.5.10 条要求人员密集空调区或空气质量要求较高场所的全空气空调系统设置空气净化装置，并对空气净化装置的类型（高压静电、光催化、吸附反应等）提出了根据人员密度、初投资、运行费用、空调区环境要求、污染物性质等经技术经济比较确定等具体要求；第 7.5.11 条对空气净化装置的设置作了具体规定，包括：

1 空气净化装置在空气净化处理过程中不应产生新的污染；

2 空气净化装置宜设置在空气热湿处理设备的进风口处，净化要求高时可在出风口处设置二级净化装置；

3 应设置检查口；

4 宜具备净化失效报警功能；

5 高压静电空气净化装置应设置与风机有效联动的措施。

此外，还有现行国家标准《空气冷却器与空气加热器》GB/T 14296、《空气过滤器》GB/T 14295、《高效空气过滤器》GB/T 13554 等产品标准对空气处理设备或装置的技术要求、试验方法等作了具体规定。

【具体评价方式】

本条适用于各类民用建筑的设计、运行评价。

在满足以上标准规定的基础上或之外，如对空气的冷却、加热、加湿、过滤、净化等处理措施及相关设备装置（如空气冷却器、加热器、加湿器、过滤器）较常规技术作了收效明显的改良或创新，或其效率（换热效率、过滤效率等）等技术性能指标较相关标准规定有显著提升，且同样能够保障或进一步改善室内热湿环境和空气品质（前提是符合相关标准规定），可认定为满足本条要求。

例如，采用直接或间接蒸发式冷却装置进行空气冷却、以地道风的形式对室外新风进行预冷或预热、空气处理机组中设置中效过滤段或采用潮湿空气条件下的抑菌措施、在主要功能房间设置适合类型的空气净化装置等，可认定为满足本条要求。然而，不得因为机房等房间对于室内空气温湿度要求较普通房间高，而认定为本条得分，仍应以考察其空气处理措施的创新或效率的提升为主；且原则上不得因为处理空气用的冷热媒等来源特殊（例如采用地下水作为冷媒，或利用余热废热作为热媒），但空气处理措施本身仍为常规方式，而认定本条得分，此类措施或效果现已在本标准第 5.2.6、5.2.15 条予以得分。

设计评价：查阅暖通空调专业施工图、空气处理措施专项报告，审查空气处理措施的有效性。

运行评价：查阅暖通空调专业竣工图、主要产品型式检验报告、室内空气处理设备或装置的运行记录（及其检查、清洗和更换记录）、室内空气品质检测报告，审查空气处理措施的有效性，并现场核查。

11.2.7 室内空气中的氨、甲醛、苯、总挥发性有机物、氡、可吸入颗粒物等污染物浓度不高于现行国家标准《室内空气质量标准》GB/T 18883 规定限值的 70%，评价分值为 1 分。

【条文说明扩展】

本条在第 8.1.7 条基础上，提出了更高的室内空气质量要求，增加了可吸入颗粒物浓度要求。

除具体指标外，评价内容同第 8.1.7 条。

国家标准《室内空气质量标准》GB/T 18883 - 2002 中的有关规定值的 70% 详见下表。

表 11-1 室内空气质量更高标准

污染物	更高标准值	备注
氨 NH_3	$0.14mg/m^3$	1 小时均值
甲醛 HCHO	$0.07mg/m^3$	1 小时均值
苯 C_6H_6	$0.08mg/m^3$	1 小时均值
总挥发性有机物 TVOC	$0.42mg/m^3$	8 小时均值
氡 ^{222}Rn	$320Bq/m^3$	年平均值
可吸入颗粒物 PM_{10}	$0.11mg/m^3$	日平均值

【具体评价方式】

本条适用于各类民用建筑的运行评价。

具体评价方式同第 8.1.7 条。

Ⅱ 创 新

11.2.8 建筑方案充分考虑建筑所在地域的气候、环境、资源，结合场地特征和建筑功能，进行技术经济分析，显著提高能源资源利用效率和建筑性能，评价分值为 2 分。

【条文说明扩展】

近些年来，我国绿色建筑设计出现了"被动优先、主动优化"的理念。本条主要考察建筑方案在"被动优先"方面的理念和措施，所涉及的措施包括但不限于以下内容：

1 改善场地微环境微气候的措施，例如：通过架空部分建筑促进区域自然通风；可绿化屋顶全部做屋顶绿化；不低于 30% 的外墙面积做垂直绿化；场地内设置挡风板或导风板优化场地风环境；优化建筑形体控制迎风面积比；设置区域通风廊道等等。

2 改善建筑自然通风效果的措施，例如：在建筑形体中设置通风开口；利用中庭（上部应有可开启外窗或天窗）加强自然通风；设置太阳能拔风道；门上设置亮子或内走廊墙上设置百叶便于组织穿堂风；设置有组织自然通风风道或设施；设置自然通风器或小窗扇通风；设置无动力风帽；主要空间设置吊扇促进通风；外窗开启与室外温度感应联动；采用地道风等等。

3 改善建筑天然采光效果的措施，例如：设置反光板加强内区的自然采光；建筑顶层全部采用导光管；设置有自然采光通风的便于使用的楼梯间等等。

4 提升建筑保温隔热效果的措施，例如：建筑形体形成有效的自遮阳；屋面采用遮阳措施或全部设置通风屋面；建筑设置双层通风外墙；建筑有阳光直射的透明围护结构全部采用可调节外遮阳；可调节外遮阳与太阳角度感应联动；选用新型高效的保温隔热材料（如真空保温材料）；屋面或墙面面层采用高效隔热反射材料（如陶瓷隔热涂料或 TPO 防水层）；设置被动式太阳能房等等。

5 合理运用其他被动措施，例如：利用连廊、平台、架空层、屋面等向外部公众提供开放的运动、休闲、交流空间；有效利用建筑中较难利用的空间（如锐角的三角形空间、坡屋顶内空间、人防空间）提高建筑使用效率；促进行为节能的措施；收集和利用场地表层土；充分利用本地乡土材料；采用空心楼盖；再利用拆除下来的旧建筑材料等等。

【具体评价方式】

本条适用于各类民用建筑的设计、运行评价。

本条得分的前提条件是第 4.2.13（绿色雨水基础设施）、5.2.3（围护结构热工性能）、7.2.1（建筑形体规则）、8.2.7（天然采光优化）、8.2.10（自然通风优化）条同时获得较好评分。在此基础上，要求提供专项分析论证报告列举说明建筑方案所运用的创新性理念和措施，并分析论证其对于场地微环境微气候、建筑物造型、天然采光、自然通风、保温隔热、材料选用、人性化设计等方面效果的显著改善或提升。

设计评价：查阅建筑等相关专业施工图及设计说明、专项分析论证报告，审查提高能源资源利用效率和建筑性能的情况。

运行评价：查阅建筑等相关专业竣工图及设计说明、专项分析论证报告，审查提高能源资源利用效率和建筑性能的情况，并现场核查。

11.2.9 合理选用废弃场地进行建设，或充分利用尚可使用的旧建筑，评价分值为 1 分。

【条文说明扩展】

我国城市建设用地日趋紧缺，对废弃场地进行改造并加以利用是节约集约利用土地的重要途径之一。利用废弃场地进行绿色建筑建设，在技术、成本方面都需要付出更多努力和代价。因此，本条对选用废弃场地的建设理念和行为进行鼓励。

本条所指的"尚可使用的旧建筑"系指建筑质量能保证使用安全的旧建筑，或通过少量改造加固后能保证使用安全的旧建筑。对于从技术经济分析角度不合适、但出于保护文物或体现风貌而留存的历史建筑，由于有相关政策或财政资金支持，不在本条中得分。

本条中"合理选用废弃场地进行建设"、"充分利用尚可使用的旧建筑"两个条件，符合其一即可得分。

11

【具体评价方式】

本条适用于各类民用建筑的设计、运行评价。

设计评价：查阅相关设计文件、环评报告、旧建筑利用专项报告，审核其合理性。

运行评价：查阅相关竣工图、环评报告、旧建筑利用专项报告、检测报告，审核其合理性，并现场核查。

11.2.10 应用建筑信息模型（BIM）技术，评价总分值为 2 分。在建筑的规划设计、施工建造和运行维护阶段中的一个阶段应用，得 1 分；在两个或两个以上阶段应用，得 2 分。

【条文说明扩展】

建筑信息模型 BIM（Building Information Model）是建筑及其设施的物理和功能特性的数字化表达，在建筑全生命期内提供共享的信息资源，并为各种决策提供基础信息。建筑信息模型应用包括了建筑信息模型在项目中的各种应用及项目业务流程中的信息管理。

BIM 是第三次科技革命（即信息革命）为建筑行业乃至整个工程建设领域所带来的变革之一。在当前的信息时代下，行业主管部门先后制定实施了《2003－2008 年全国建筑业信息化发展规划纲要》、《2011－2015 年建筑业信息化发展纲要》等政策。可以预计，BIM 将是进一步推动建筑业信息化的重要推手，同时也将是绿色建筑实践的重要工具。

信息只有充分共享、避免"信息孤岛"，方能发挥其最大价值，即实现项目各参与方之间的协同互用（Interoperability）。在 BIM 的应用逐渐成熟之后，还可实现各类信息的大集成（Integration），所有信息能够在一个平台上得到各方的充分互用。

【具体评价方式】

本条适用于各类民用建筑的设计、运行评价。

本条对于 BIM 技术应用的评价重点是应用软件所实现的信息共享、协同工作，而不是是否应用了所谓的 BIM 软件。为了实现 BIM 信息应用的共享、协同、集成的宗旨，要求在 BIM 应用报告中说明项目中某一方（或专业）建立和使用的 BIM 信息，如何向其他方（或专业）交付，如何为其他方（或专业）所用，如何与其他方（或专业）协同工作，以及信息在传递和共享过程中的正确性、完整性、协调一致性，及应用所产生的效果、效率和效益。

设计评价：查阅规划设计阶段的 BIM 技术应用报告，审查其实现信息共享、协同工作的能力和绩效。

运行评价：查阅规划设计、施工建造、运行维护阶段的 BIM 技术应用报告，审查其实现信息共享、协同工作的能力和绩效。

11.2.11 进行建筑碳排放计算分析，采取措施降低单位建筑面积碳排放强度，评价分值为 1 分。

【条文说明扩展】

国际和国外的碳排放计算标准主要包括：

1 国际标准化组织 ISO 的温室气体、产品碳足迹系列标准。包括 ISO 14064－1～3

（组织、项目的温室气体减排及其认定）、ISO/CD 14067-1～2（产品碳足迹的计算、标示）等。

2 英国标准学会 BSI 的《商品和服务在生命周期内的温室气体排放评价规范》PAS 2050 和《碳中和承诺标准》PAS 2060。

3 联合国政府间气候变化问题小组 IPCC 的《国家温室气体清单指南》。

4 世界可持续发展工商理事会 WBCSD 和世界资源研究所 WRI 联合推出的温室气体议定书（The GHG Protocol）。包括企业核算与报告标准、项目核算等。

5 联合国环境规划署可持续建筑和气候倡议项目 UNEP-SBCI 的《建筑运行用能计量和温室气体排放报告通用碳量度》。

近年来，我国开展和完成的碳排放方法研究包括：住建部科技项目"中国建筑物碳排放通用计算方法研究"（编制完成《中国建筑碳排放通用计算方法导则》）、国家科技支撑计划课题"建筑节能项目碳排放和碳减排量化评价技术研究与应用"、中国工程建设协会标准《建筑碳排放计量标准》（在编）、工程建设国家标准《建筑碳排放计算标准》（在编）等。

【具体评价方式】

本条适用于各类民用建筑的设计、运行评价。

要求提交碳排放计算分析报告，其中须说明所采用的计算标准、方法和依据（但暂不指定某一特定标准或方法），以及所采取的具体减排措施和效果（仅要求对碳排放强度进行采取措施前后的对比）。

设计评价：查阅设计阶段的碳排放计算分析报告，以及相应措施，审查其合理性。

运行评价：查阅设计、运行阶段的碳排放计算分析报告，以及相应措施的运行情况，审查其合理性及效果。

11.2.12 采取节约能源资源、保护生态环境、保障安全健康的其他创新，并有明显效益，评价总分值为 2 分。采取一项，得 1 分；采取两项及以上，得 2 分。

【条文说明扩展】

本条主要是对前面未提及的其他技术和管理创新予以鼓励。对于不在前面绿色建筑评价指标范围内，但在保护自然资源和生态环境、节能、节材、节水、节地、减少环境污染与智能化系统建设等方面实现良好性能的项目进行引导，通过各类创新以提高绿色建筑性能和效益。

本条未具体列出创新内容，只要申请方能够提供分析论证报告及相关证明，并通过专家组的评审即可认为满足要求。

【具体评价方式】

本条适用于各类民用建筑的设计、运行评价。

分析论证报告应包括以下内容：

1 创新内容及创新程度（例如新技术、新工艺、新装置、新材料等超越现有技术的程度，在关键技术、技术集成和系统管理等方面取得重大突破或集成创新的程度）；

2 应用规模，难易复杂程度，及技术先进性（应有对国内外现状的综述与对比）；

11

3 经济、社会、环境效益，发展前景与推广价值（如对推动行业技术进步、引导绿色建筑发展的作用）。

设计评价：查阅相关设计文件、分析论证报告及相关证明，审查其合理性。

运行评价：查阅相关竣工图、分析论证报告及相关证明，审查其合理性及效果，并现场核查。

附录 D 绿色建筑设计标识申报
自评估报告（模板）

"绿色建筑设计标识申报自评估报告"适用于申请绿色建筑设计标识的公共建筑和居住建筑，有助于绿色建筑设计标识的申报单位、评价机构等全面反映或了解所申报项目的达标情况。报告模板包括项目概况、自评总述、项目效果图、自评内容等内容。其中，自评内容依据国家标准《绿色建筑评价标准》GB/T 50378－2014 第 4、5、6、7、8、11 章条文以及本细则的对应内容逐条编制，各条均有标准条文、达标自评、评价要点、证明材料等内容。可供绿色建筑设计标识的申报单位、评价机构参考使用。具体内容见光盘。

附录 E 《绿色建筑评价标准》
GB/T 50378−2014 评价工具表

评价工具表与国家标准《绿色建筑评价标准》GB/T 50378−2014 以及本细则配套使用，适用于各类民用建筑设计评价和运行评价。本表基于 Microsoft Excel 开发得到。借助本表，标准使用人员可更快捷地了解绿色建筑的总得分、星级以及各类评价指标的得分。具体内容见光盘。